Assyrisches Relief aus der Zeit von Assurnassirpal II. (883–859), die künstliche Bestäubung der Dattelpalme darstellend. Ein Abguß dieses Reliefs ist in der Halle der Abteilung Genetik und Cytologie aufgestellt

Aufn. N. Franke

DAS INSTITUT
FÜR
KULTURPFLANZENFORSCHUNG

DER DEUTSCHEN AKADEMIE DER WISSENSCHAFTEN ZU BERLIN
IN GATERSLEBEN KRS. ASCHERSLEBEN

AKADEMIE-VERLAG · BERLIN

1964

Erschienen im Akademie-Verlag GmbH, Berlin W 8, Leipziger Straße 3—4

Lizenznummer: 202 · 100/433/64
Kartengenehmigung: Nr. 69/64
Gesamtherstellung: IV/2/14 · VEB Werkdruck Gräfenhainichen · 2204
Bestellnummer: 5556

INHALTSÜBERSICHT

VORWORT

Seit dem Jahre 1945 wurde das Institut für Kulturpflanzenforschung der Deutschen Akademie der Wissenschaften in Gatersleben zu einem Schwerpunkt biologischer Forschung von besonderer Eigenart entwickelt. In großangelegten selbständigen Abteilungen werden vornehmlich Probleme der botanischen Grundlagenforschung bearbeitet. Als Material für diese Untersuchungen dienen in erster Linie die wertvollen lebenden Sammlungen von Wild-, Primitiv- und Kultursippen unserer Nutzpflanzen, dazu die großen Mutationssortimente vom Gartenlöwenmaul, von Gerste, Sojabohne und Tomate. Für manche theoretischen Arbeiten muß das Objekt nach seiner besten Eignung, unabhängig von seinem unmittelbaren ökonomischen Nutzen für die Menschen gewählt werden.

Mit der Einrichtung der Abteilungen bzw. ihrer Erweiterung sind eine Fülle von Problemen verschiedener biologischer Disziplinen aufgegriffen worden, die in gut eingerichteten Laboratorien bearbeitet werden. Die Tatsache, daß alle wesentlichen Disziplinen der Botanik in Gatersleben vereint sind, gibt Anlaß zu großen Gemeinschaftsarbeiten zwischen verschiedenen Abteilungen, die zu einer Vertiefung der naturwissenschaftlichen Erkenntnis führen werden.

Je mehr das Institut im In- und Ausland bekannt wurde, desto größer wurde alljährlich die Zahl der Besucher, die durch die Laboratorien und Versuchsfelder geführt werden möchten. Meist sind diese Besuche zu kurz, um einen Einblick in alle Arbeitsrichtungen des Instituts zu gestatten. Diesen Besuchern wollen wir mit einem Führer durch das Institut für Kulturpflanzenforschung helfen, der sie zunächst mit der Geschichte des Instituts, dann des Dorfes und der Burg Gatersleben und schließlich mit Boden, Klima und Vegetation des Raumes Gatersleben bekannt macht. Weitere Kapitel belehren sie in großen Zügen über die Struktur des Instituts und behandeln die Forschungsthemen und ihre Bearbeiter in den wissenschaftlichen Abteilungen. Für den Fachmann wird die Kürze der Darstellung der wissenschaftlichen Probleme unbefriedigend sein; er sei auf „Die Kulturpflanze" verwiesen, die im Akademie-Verlag, Berlin, erscheint und alljährlich in einem Band mehr über die wissenschaftliche Arbeit der Abteilungen aussagt.

Wir hoffen jedoch, daß dem größten Teil unserer Besucher dieser kleine Band von Nutzen sein wird als Information über die Arbeit eines großen biologischen Forschungsinstituts der Deutschen Akademie der Wissenschaften zu Berlin und als Erinnerung an seinen Besuch im nun tausendjährigen Dorf Gatersleben, das eine alte geschichtliche Tradition heute mit neuen Mitteln zum Wohle der Menschheit fortsetzt.

I. ZUR GESCHICHTE DES INSTITUTS

Die Kaiser-Wilhelm-Gesellschaft zur Förderung der Wissenschaften in Berlin erwog schon vor Beginn des zweiten Weltkrieges den Plan, ein Institut für Kulturpflanzenforschung in den Kreis der Forschungsinstitute der Gesellschaft aufzunehmen. Zwei Gesichtspunkte ließen die Gründung eines solchen Instituts als notwendig erscheinen:

Die vorbildlichen sowjetischen Expeditionen, die unter Leitung von N. I. Vavilov in die Mannigfaltigkeitszentren der Kulturpflanzen durchgeführt worden waren, hatten eine Fülle von theoretischen Problemen über die Abstammung, Entstehung und Wanderung der Kulturpflanzen aufgeworfen. Das auf diesen Reisen gesammelte lebende Material diente dem Aufbau des bisher in seiner Größe und Vielfalt unerreichten Weltsortiments der Kulturpflanzen, das im Leningrader Institut und seinen über das ganze Land verteilten Zweigstellen bearbeitet wurde. Damit wurde die Kulturpflanzenforschung auf eine neue Basis gestellt, die auch in Deutschland verbreitert und vertieft werden mußte. So geht die Gründung des Instituts für Kulturpflanzenforschung der Kaiser-Wilhelm-Gesellschaft maßgeblich auf Anregungen zurück, die durch die Arbeiten sowjetischer Forscher offenbar wurden.

Hinzu kamen noch weitere allgemeine Überlegungen, die vornehmlich von Fritz v. Wettstein, Senator der Kaiser-Wilhelm-Gesellschaft und Direktor des Kaiser-Wilhelm-Instituts für Biologie, schon bei den ersten Verhandlungen über die Gründung des neuen Instituts in den Mittelpunkt gestellt wurden. In Deutschland war die Kulturpflanzenforschung im Sinne der Systematik, der Ökologie, der Genetik, der Physiologie und Pathologie der Kulturpflanzen nur in einigen wichtigen Einzelfragen behandelt worden. Untersuchungen zur Geschichte und zur Systematik der Kulturpflanzen sind bei uns für immer mit dem Namen Elisabeth Schiemann verknüpft. Die Haltung großer Sortimente als Fundgrube wichtiger Erkenntnisse der Grundlagenforschung und als Reservoir züchterisch wertvollen Genmaterials wurde von Erwin Baur, Theodor Roemer und anderen stets gefordert. Durch mehrere große Expeditionen waren umfangreiche Sortimente von Wild- und Primitivformen nach Deutsch-

Das frühere Gutshaus der Gaterslebener Domäne, in dem heute die Abteilung Forstpflanzenforschung des Instituts untergebracht ist
Aufn. W. Frankenfeld

land gekommen. Ihre Erhaltung und Bearbeitung stellte an die Universitätsinstitute größte Anforderungen in materieller Hinsicht. Die Sicherheit einer gründlichen und vielseitigen wissenschaftlichen Ausschöpfung der wertvollen Sammlungen konnte nur in einem Forschungsinstitut gewährleistet werden, das sich unabhängig von den Erfordernissen des Lehrbetriebes hauptamtlich allen Teilgebieten der Kulturpflanzenforschung im weiteren Sinne widmete. Von diesem neuen Zentrum sollte eine Befruchtung anderer Institute, vornehmlich der theoretischen und angewandten Botanik, der Pflanzenzüchtung, des Pflanzenbaues und der Phytopathologie erfolgen durch Bereitstellung botanisch und züchterisch wertvollen Ausgangsmaterials zur Vertiefung der Grundlagenforschung und zur sinnvollen Einkreuzung in hochgezüchtete Sippen von Kulturpflanzen, ohne die eine Steigerung der Produktion oft nicht mehr möglich erschien. Damit wurde in den Mittelpunkt des neu zu gründenden Instituts die planmäßige Durchführung von Sammelreisen gestellt, um die bereits vorhandenen Sammlungen zu erweitern.

Diese Grundidee des neuen Instituts konnte durch den Beginn des zweiten Weltkrieges nur langsam verwirklicht werden. Zwei Sammelreisen des Kaiser-

Wilhelm-Instituts für Biologie unter Leitung von H. Stubbe nach Albanien, Griechenland und Kreta in den Jahren 1941 und 1942, eine dritte Sammelreise nach Südfrankreich und den Nordpyrenäen im Jahre 1944, die schon nach der Gründung des Instituts erfolgte, brachten einen größeren Zuwachs der schon in Deutschland vorhandenen, bisher auf mehrere Institute verteilten und allmählich im neuen Institut konzentrierten Sortimente.

Im Jahre 1942 begannen die ersten konkreten Verhandlungen über die Lage und die Einrichtungen des Instituts, das nach einem Vorschlag F. v. Wettsteins wegen der günstigen klimatischen Bedingungen im Raum von Wien gegründet werden sollte. Zum Direktor des Instituts wurde H. Stubbe, wissenschaftlicher Mitarbeiter am Kaiser-Wilhelm-Institut für Biologie, vorgesehen, der zum 1. 4. 1943 seine Berufung durch die Kaiser-Wilhelm-Gesellschaft erhielt. Der 1. 4. 1943 kann damit als Gründungstag des Instituts für Kulturpflanzenforschung angesehen werden.

Die sehr langwierigen Verhandlungen über den Standort des Instituts führten schließlich zu dem Ergebnis, das kleine Gut Tuttenhof, in Größe von etwa 50 ha, das bisher zum Stift Klosterneuburg gehört hatte, dem Institut als Versuchs- und Baugelände zur Verfügung zu stellen.

Als erste Unterkunft für die Arbeitsräume und Laboratorien wurde dem Institut das Forschungsinstitut der Wiener Akademie der Wissenschaften im Vivarium, Wien II, Hauptallee 1, im Mietvertrag überlassen und für die Zwecke des Instituts eingerichtet. Bereits im Jahre 1943 begannen die Arbeiten in den Laboratorien und auf dem Versuchsgut Tuttenhof, wo Teile des Sortimentes angebaut und genetische Versuche durchgeführt wurden.

Im Plan des Instituts waren große selbständige Abteilungen vorgesehen, deren Leiter die Gewähr boten, zentrale Fragen der Kulturpflanzenforschung mit allen Mitteln moderner Methodik zu bearbeiten. Bis zum Ende des Krieges entwickelten sich folgende Abteilungen: Genetik, Cytologie, Systematik, Physiologie, Geschichte der Kulturpflanzen, Gartenbau.

Der Krieg brachte aber dem Institut durch schwere Bombenangriffe sowohl im Laboratoriumsgebäude wie auf dem Versuchsgut wiederholt große Schäden, unter denen die Aufbauarbeiten zu leiden hatten. Gegen Ende des Jahres 1944 mußte daher die Errichtung einer Ausweichstation erwogen werden. Sie konnte dank der großen Hilfsbereitschaft von Dr. G. Becker, dem damaligen Leiter des Forschungslaboratoriums der Gebr. Dippe A. G., im Raum von Quedlinburg am Ostrand des Harzes in dem Dorf Stecklenberg Anfang 1945 eingerichtet werden.

Das wertvolle Material des Instituts und seine Einrichtungen wurden von allen Besatzungsmächten – den Streitkräften der USA waren die Engländer und dann am 1. 7. 1945 die sowjetische Besatzungsmacht gefolgt – respektiert. In Stecklenberg konnten einige Morgen Land für den Anbau des Sortiments gepachtet werden, Dr. Becker stellte in Quedlinburg Versuchsland und Gewächshäuser in selbstloser Weise zur Verfügung. Das Schicksal des Instituts blieb in den ersten Monaten der Besatzung ungewiß. Das nördliche Harzvorland als Zentrum der deutschen Saatzucht schien für die künftige Lage des Instituts besonders geeignet. Dank der eindeutigen Unterstützung der Sowjetischen Administration in Halle wurde dem Institut im Zuge der Bodenreform Ende 1945 die über 500 ha große Domäne Gatersleben im Kreise Quedlinburg als neue Arbeitsstätte übergeben. 1946 wurden auf Veranlassung der Deutschen Verwaltung für Volksbildung in Berlin (Präsident P. Wandel) das Institut und das Versuchsgut unter Beibehaltung des alten Namens an die Universität Halle-Wittenberg angegliedert, die allen Wünschen des Instituts in materieller und finanzieller Hinsicht großzügig entgegenkam. Die Verbindung zur Universität Halle wurde durch die Errichtung des Instituts für Genetik gefestigt, das von H. Stubbe in Personalunion mit dem Gaterslebener Institut geleitet wird.

Das ehemalige Gutshaus in Gatersleben bot die erste provisorische Unterkunft für alle Abteilungen, die mit großer Tatkraft den Aufbau des Instituts begannen, zunächst die Abteilung Genetik und Cytologie, die Abteilung Systematik und Sortiment sowie die technischen Abteilungen Gartenbau (jetzt Versuchsfeld und Zuchtgärten) und Landwirtschaft, dann seit Oktober 1948 die Abteilung Physikalische Physiologie, seit Oktober 1949 die Abteilung Chemische Physiologie und seit April 1952 die Abteilung Forstpflanzenforschung.

Im Jahre 1948 wurde die Kaiser-Wilhelm-Gesellschaft zur Förderung der Wissenschaften in der sowjetischen Besatzungszone Deutschlands aufgelöst. Bald nach der Wiedereröffnung der Deutschen Akademie der Wissenschaften zu Berlin als Nachfolgerin der Preußischen Akademie der Wissenschaften wurde das Institut in den Kreis der Forschungsinstitute der Akademie aufgenommen und schied damit aus dem Bereich der Universität Halle-Wittenberg aus. Lediglich die Verwaltung des Versuchsgutes blieb in der Betreuung der Versuchsgüter-Gemeinschaft der Universität Halle.

Mit der Eingliederung des Instituts in die Deutsche Akademie der Wissenschaften zu Berlin wurde die organisatorische und finanzielle Grundlage für eine großzügige Entwicklung des Instituts geschaffen.

Nachdem bis zum Jahre 1948 der Bau der für die Versuche dringend notwendigen Gewächshäuser und eines Wirtschaftsgebäudes mit technischen Arbeitsräumen, Speiseräumen und Wohnungen für die ledigen Mitarbeiter im wesentlichen abgeschlossen war, konnte nun mit der Errichtung der Gebäude für die wissenschaftlichen Abteilungen begonnen werden.

In den Jahren 1949 und 1950 entstand das Gebäude der Abteilung für Physikalische Physiologie, an das 1952 noch ein eingeschossiges Gebäude zur Unterbringung von Spezialapparaten für Bestrahlungsversuche angebaut wurde. In den Jahren 1950/51 folgte die Errichtung des Gebäudes für die Abteilung Systematik und Sortiment. Das durch internationalen Tausch und durch mehrere Sammelreisen nach der Volksrepublik China stark vermehrte Samen- und Pflanzenmaterial, ferner die Erweiterung der Aufgabenstellung der Abteilung – es wurde seit 1955 mit dem Aufbau eines Zentralen Herbars der Akademie begonnen – machten einen Erweiterungsbau notwendig, der 1961 bezogen wurde. Das Gebäude enthält außer Arbeitsräumen sieben große Säle für die Sammlungen und das Saatgut.

Ein mit mehreren Speziallaboratorien, Kühlräumen und besonderen Gewächshäusern ausgerüstetes Gebäude für die Abteilung Chemische Physiologie wurde 1951 errichtet. Es war die Voraussetzung für die Aufnahme großzügiger biochemischer Forschungsarbeiten.

Die Errichtung großer Gebäudekomplexe auf einem vorher nur als Acker genutzten Gelände erfordert umfangreiche Nebenanlagen, wie Straßen, Anlagen zur Energie- und Wasserversorgung, ein Entwässerungs-, ein Telefonnetz und anderes mehr. Der Bau dieser Anlagen war die Voraussetzung zur Errichtung des großen Gebäudes der Abteilung Genetik und Cytologie mit 10 Gewächshäusern und einer zentralen Heizungsanlage. Im Frühjahr 1956 konnte das Gebäude der Abteilung Genetik und Cytologie bezogen werden, das neben den genetischen und cytologischen Laboratorien auch einige kleinere chemische Laboratorien und ein modern eingerichtetes mikrobiologisches Laboratorium enthält.

Die Zeitschriften- und Buchauslage im Lesesaal der Bibliothek
Aufn. N. Franke

Für die inzwischen stark angewachsenen Buchbestände der Bibliothek (zur Zeit etwa 20700 Bände und 5700 Sonderdrucke als Eigenbesitz und rund 1100 Bände als Dauerleihgaben aus dem Besitz der Bibliothek der Deutschen Akademie der Wissenschaften) reichten die Räumlichkeiten im alten Gutshaus bald nicht mehr aus. Ein den Anforderungen entsprechendes Gebäude mit Buchmagazinen und Lesesaal konnte 1958 fertiggestellt werden. Die Bibliothek bezieht über 500 Fachzeitschriften und zeitschriftenähnliche Reihen des In- und Auslandes oder erwirbt sie im Tausch gegen die seit 1953 jährlich erscheinende Institutszeitschrift „Die Kulturpflanze".

Nach mehrjähriger Bauzeit konnten 1962 in einem modern eingerichteten Isotopenlaboratorium der chemisch-physiologischen Abteilung die Forschungsarbeiten im „aktiven" Gebäudetrakt aufgenommen werden. Der „inaktive" Teil wurde bereits Ende 1960 bezogen.

Im Jahre 1962 wurde das neu errichtete Verwaltungsgebäude seiner Bestimmung übergeben.

Für die fachliche Fortbildung der Mitarbeiter und für den wissenschaftlichen Austausch zwischen den Abteilungen werden interne Kolloquien der Wissenschaftler abgehalten sowie größere öffentliche Kolloquien durchgeführt, an denen jedes Mitglied der Belegschaft teilnehmen kann und zu denen Wissenschaftler und Studenten aus benachbarten Instituten, aber auch aus den Universitäten Halle, Leipzig und Jena, ferner Lehrer, Ärzte, Forstleute und andere Interessenten eingeladen werden. In diesen Kolloquien sprechen Wissenschaftler des Instituts, aus anderen Instituten der DDR und aus Instituten Westdeutschlands und dem Auslande über ihre Fachgebiete.

Als sehr förderlich für die wissenschaftliche Arbeit haben sich Symposien über Spezialprobleme der Kulturpflanzenforschung erwiesen. Unter starker internationaler Beteiligung finden in zweijährigem Turnus „Erwin-Baur-Gedächtnisvorlesungen" über ausgewählte Kapitel der Genetik statt, die Gelegenheit zu einem fruchtbaren wissenschaftlichen Gedankenaustausch geben. Bisher fehlte für alle größeren Veranstaltungen ein geeigneter Raum. Gegenwärtig wird als Abschlußbau der Abteilung Genetik und Cytologie ein Hörsaalgebäude errichtet, das den vielseitigen Anforderungen gerecht wird.

Auch für die z. T. verstreut und provisorisch untergebrachten Werkstätten und Garagen des Instituts wurde ein Gebäudekomplex errichtet, der den Bedürfnissen eines modernen Forschungsinstituts entspricht.

Die fünf wissenschaftlichen Abteilungen des Instituts verfügen über ein Versuchsfeld von rund 100 ha Größe, das von der Abteilung Versuchsfeld und Zuchtgärten betreut wird. Ihr obliegt die Aussaat, Pflege und Ernte der sehr umfangreichen und unterschiedlichen Versuche.

Durch das starke Anwachsen der Zahl wissenschaftlicher und technischer Mitarbeiter des Instituts mußte während der Errichtung der Gebäude für die wissenschaftlichen Abteilungen auch dem Wohnungsbau besondere Aufmerk-

Blick in die Wohnsiedlung des Instituts. Im Hintergrund das Dorf Gatersleben
Aufn. W. Frankenfeld

Das Ledigenwohnheim des Instituts
Aufn. H. Kraßmann

samkeit geschenkt werden, da im Ort Gatersleben kein ausreichender Wohnraum vorhanden war. Insgesamt konnten bisher für 78 Familien in Einzelhäusern oder Wohnblöcken schöne geräumige Wohnungen geschaffen werden.

Ein vorbildlich eingerichtetes Wohnheim für ledige Mitarbeiter konnte 1963 bezogen werden. Hier finden auch über längere Zeit im Institut verweilende ausländische Gastwissenschaftler, deren Zahl in den vergangenen Jahren ständig zugenommen hat, bequeme Unterkunftsmöglichkeiten.

Konzerte im Institut, die Theater in Quedlinburg, Halberstadt und Dessau und das Harzer Bergtheater in Thale, Sportveranstaltungen und allgemein interessierende Vorträge sorgen für die kulturelle Betreuung der Mitarbeiter. Seit einigen Jahren steht den Mitarbeitern des Instituts ein eigener Omnibus zur Verfügung, der die Fahrten in die benachbarten Städte und zur Bezirkshauptstadt Halle erleichtert.

Neben der wissenschaftlichen Bibliothek besteht eine Betriebsbücherei, die populärwissenschaftliche Literatur sowie Unterhaltungsliteratur enthält.

In dem vom Institut herausgegebenen Publikationsorgan „Die Kulturpflanze" werden Originalarbeiten der wissenschaftlichen Mitarbeiter veröffentlicht. Jeder Band enthält ferner einen Jahresbericht, in dem über die Forschungsarbeiten und die bauliche Entwicklung Rechenschaft gegeben wird.

Biologie- und Landwirtschaftsstudenten der Universitäten der DDR haben während der Semesterferien die Möglichkeit, als Berufspraktikanten in den wissenschaftlichen Abteilungen zu arbeiten.

Ausschnitt aus dem Schaugarten des Instituts
Aufn. N. Franke und H. Kraßmann

II. ZUR GESCHICHTE VON DORF UND BURG GATERSLEBEN

Gatersleben kann auf ein tausendjähriges Bestehen zurückblicken: im Jahre 964 schenkte Markgraf Gero dem Kloster Gernrode 3 Hufen „in antiquo Gatersleve". Wenn auch zwei weitere Gatersleben nachweisbar sind, so ist es doch nicht zweifelhaft, daß mit diesem Alt-Gatersleben unser Dorf gemeint ist. Denn Gatersleben war damals neben Wegeleben das einzige Tor in der weiten Bruchlandschaft der Selke und Bode, das den Weg nach dem Osten öffnete. Die politische Zielsetzung des Markgrafen läßt es als sicher erscheinen, daß er dieses wichtige Tor fest in der Hand hielt. Die beiden anderen Gatersleben, eine Wüstung halbwegs nach Quedlinburg und Neu-Gattersleben bei Staßfurt, sind Tochtergründungen von Alt-Gatersleben.

Dorf und Burg Gatersleben sind natürlich älter, als der urkundliche Beleg ausweist. Wenn der Ort seinen Gründungstag feiern wollte, so müßte man diesen 1000 Jahren noch etwa 700 Jahre zulegen. Denn die Ortsnamenforschung hat ermittelt, daß die „-leben"- Siedlungen auf eine germanische Völkerwelle aus Schleswig-Holstein zurückgehen, auf die Angeln und Warnen, die sich im 3. bis 4. Jahrhundert zwischen die bodenständigen Stämme Mitteldeutschlands schoben. Es fällt auf, daß diese Siedlungen die damals noch völlig versumpften Urstromtäler bevorzugten, offenbar, weil in ihnen die Landnahme reibungsloser möglich war als in den schon damals ziemlich dicht besiedelten älteren Kulturlandschaften. Die Namensform ihrer Dörfer haben sie aus ihrer alten Heimat mitgebracht; der Gleichklang mancher dieser Ortsnamen in Mitteldeutschland und Nordschleswig ist auffallend (Hedersleben-Hadersleben), wenn auch sprachgeschichtlich nicht immer stichhaltig. „-leben" (germ. bileban, griech. leipein) bedeutet „übrigbleiben", in diesem Zusammenhang „Erbe", „Bleibe". Der erste Teil des Ortsnamens bezeichnet regelmäßig einen Personennamen: den Sippenältesten oder Führer der Siedlerschar.

Wenn es somit einwandfrei feststeht, daß das heutige Gatersleben eine Gründung der Angeln und Warnen ist und seinen Namen im 3. bis 4. Jahrhundert erhalten hat, so bedeutet das noch nicht, daß wir schon bei den letzten Wurzeln der Gaterslebener Geschichte angelangt sind. Funde und Ausgrabungen in nächster Nähe des Dorfes, vor allem auf den nach Südwesten geneigten Hängen des Selketales und neuerdings besonders auf dem Versuchsfeld des Instituts im Selketal selbst haben ergeben, daß in der Gaterslebener Feldmark schon seit alter Zeit Siedlungen gelegen haben. Von der Steinzeit bis in die geschichtliche Zeit hinein sind hier alle Stufen der Kultur- und Wirtschaftsentwicklung nachweisbar. Leider sind die Fundstücke heute über viele Museen unserer weiteren Heimat hin verstreut. Zahlreiche Funde aus Siedlungen der Band- und Schnurkeramiker der jüngeren Steinzeit, so benannt nach den Ornamenten ihrer Gefäße, wurden bei der Errichtung der Institutsanlagen gemacht (jetzt im Landesmuseum für Vorgeschichte in Halle); Proben davon sind in der Abteilung Genetik ausgestellt. Das bemerkenswerteste Stück aus der Bronzezeit ist eine der sonst seltenen Tontrommeln, die neben den nordischen Luren das älteste germanische Musikinstrument waren; es liegt im Museum in Quedlinburg.

Die Angeln und Warnen setzten ihre Höfe auf die Inseln in der Talaue und bauten eine dieser Inseln zur Volksburg aus, in die sie in Kriegszeiten sich und ihre Habe bargen. Diese uralte Fluchtburg besteht noch heute und schließt als „Unterhof" das Versuchsgut des Instituts ein. Die Scheunen und Ställe, die im Halbkreis lückenlos den Hof umgeben, stehen sicherlich auf den Fundamenten der alten Speicher, die einstmals auf dem Inselrand die Burg nach außen abschirmten. Ein undurchdringlicher Sumpfwaldstreifen, ein Hagen, hegte diese Volksburg ein; an ihn erinnert noch heute die Ortsbezeichnung „Der Hahn" unmittelbar neben der Burg. Einen weiteren Schutz bildeten Palisaden, deren Eichenstämme 1924 bei Bauarbeiten gefunden wurden.

Die Angeln und Warnen verschmolzen schnell mit den anderen Germanen der Selkelandschaft, die damals ein Teil des Thüringer Reiches war. Dieses Reich, das eine hohe Kultur, aber eine geringe Wehrkraft besaß, wurde 551 n. d. Z. von den Franken im Bunde mit den Sachsen zerschlagen und unter den Siegern geteilt; damals wurde das Ostharzgebiet sächsisch. Die in den nächsten Jahrzehnten folgenden Begebenheiten bilden ein tragisches Kapitel der Heimatgeschichte. Denn die bisher verbündeten Franken und Sachsen entzweiten sich bald, und es brach ein neuer Krieg aus, der die Grenzgebiete nicht zur Ruhe kommen ließ. So nimmt es nicht wunder, daß die Menschen am Ostharz nach einer friedvolleren Heimat suchten. Als 568 n. d. Z. die Langobarden die alte Heerstraße von Halberstadt über Ditfurt und Hoym südwärts nach Italien zogen, schlossen sich ihnen viele Sachsen aus dem überbevölkerten Raum zwischen Selke, Harz und Wipper an, unter ihnen sicherlich auch mancher Gaterslebener. In ihre Wohnsitze rückten, gleichfalls von Norden kommend, Sueben (Schwaben) ein. Aber den Sachsen gefiel es nicht in Italien: sie wollten unter eigenem, nicht unter langobardischem Recht leben. So kehrten sie nach wenigen Jahren zurück und forderten von den Sueben die alte Heimat. Diese waren zu großen Zugeständnissen bereit, aber die Verhandlungen zerschlugen

Der Palas der ehemaligen Burg Gatersleben
Aufn. W. Frankenfeld

sich. Es kam zu erbitterten Kämpfen, in denen die Sachsen fast vernichtet wurden. Seitdem führt unsere Selkelandschaft den Namen Schwabengau.

In das volle Licht der Geschichte tritt Gatersleben erst im 12. Jahrhundert, als die Bischöfe von Halberstadt sich des wichtigen Selkeüberganges bemächtigten. Zu seinem Schutz setzten sie eine umfangreiche Wehranlage aus Stein unmittelbar neben die alte Inselburg, die dadurch zur Vorburg wurde. Ein quadratischer Raum, der durch Aufschüttung erhöhte heutige „Oberhof" wurde mit einer hohen Mauer umgeben, durch Ecktürme gesichert und durch eine Zugbrücke mit der Vorburg verbunden. Das ganze Befestigungssystem wurde durch einen doppelten Wassergraben umschlossen, dessen Spuren man noch heute in Teichen und Senken erkennt. Die Mauern und Ecktürme sind verschwunden, aber unverändert durch die Jahrhunderte hindurch reckt sich noch heute der gewaltige Quader des Palas, des Hauptgebäudes der Burg, 19 Meter hoch empor, in dessen oberen Räumen der Bischof alljährlich die Synode für den südlichen Teil seines Sprengels abhielt; frühgotische Fensterbögen und Säulen im Palas erinnern noch an diese große Zeit Gaterslebens. Der hohe Palas wird jetzt meist als Burgturm bezeichnet; dieser selbst ist aber längst verschwunden, er stand im nordöstlichen Teil des „Oberhofes". Eine großzügige Planung und ein starker Machtwille spricht aus dieser Wehranlage, von der aus jahrhundertelang bischöfliche Vasallen und Vögte und preußische Amtsräte die Landschaft beherrschten. Im übrigen hat die Burg ihre Wehrkraft nicht zu beweisen brauchen; es genügte offenbar schon ihr Dasein, um den Frieden der Landschaft zu sichern. Nur einmal wurde sie belagert, als der von einem Kreuzzug heimkehrende Bischof Ulrich die Burg einem ungetreuen Vasallen wieder entriß.

Noch in anderer Hinsicht griff das Bistum von Halberstadt tief in das Leben Gaterslebens ein. Zum Schutze seiner Südflanke gegen die Askanier wurde im 15. Jahrhundert das große Bruch zwischen Gatersleben und Aschersleben durch Ableitung der Selke in einen See verwandelt. Der Hauptzweck war, die Gräben der Burg Gatersleben und der verbündeten Stadt Aschersleben hoch mit Wasser anzufüllen. Gatersleben wurde damals durch einen Damm gegen den See abgeschirmt. Es wurde damit ein Fischerdorf; die kleinen Häuschen der Fischer stehen heute noch unweit der Burg. 250 Jahre lang lag nun eine riesige Wasserfläche mit Inselhorsten, einem breiten Schilfrand und, wie zeitgenösssische Berichte erzählen, unermeßlichen Wolken von Wasservögeln aller Art unmittelbar vor dem Ort. Wenn nicht die Volksernährung vor allen anderen Gesichtspunkten den Vorrang hätte, müßte man es bedauern, daß dieser unschätzbare Schmuck der Heimatlandschaft nicht mehr besteht.

Im Zuge ihrer großen Innenkolonisation ließen die Nachfolger der Halberstädter Bischöfe, die preußischen Könige, in der ersten Hälfte des 18. Jahrhunderts den See trockenlegen; mehr als 2500 ha hochwertiges Acker- und Wiesenland wurden dadurch gewonnen. Der Amtmann auf Burg Gatersleben erhielt Befehl, am Rande des ehemaligen Sees jedes Jahr eine Anzahl von Kolonisten mit längerer Abgabefreiheit anzusetzen, denen ein Anteil am Seeland zugewiesen wurde. Es waren meist Handwerker, vor allem Weber. Auf dem früheren Damm, dem heutigen Ober- und Unterdamm, entstand damals die eigenartige Häuserzeile mit ihren der Straße zugekehrten Giebeln. Noch vor hundert Jahren haben hier Haus bei Haus die Webstühle geklappert.

Das 19. Jahrhundert brachte mit der Gewerbefreiheit neben schweren Krisen einen wirtschaftlichen Aufschwung des Dorfes und ein Anwachsen der Bevölkerung bis auf 2400 Köpfe. Im Jahre 1846 wurde die Zuckerfabrik gegründet; sie ist eine der ältesten in Deutschland. Die Dampfpflugfabrik (heute „VEB Baumaschinen") folgte; zu ihrer Gründung gab kein Geringerer als Max Eyth den Anstoß. Ihre Pflüge gingen in die ganze Welt. Daß dieses Jahrhundert in Gatersleben wie überall auch schwere soziale und kulturelle Verheerungen anrichtete, bedarf kaum der Erwähnung. Ihr äußerer Ausdruck sind die überaus häßlichen Bauten dieser Zeit, an denen es auch in Gatersleben nicht fehlt.

Das ist in großen Zügen die Geschichte des Bodens, auf dem das Institut für Kulturpflanzenforschung seine Arbeit aufgenommen hat. Seine Forschungsstätten, seine Äcker und Zuchtgärten setzen eine anderthalbtausendjährige Kulturarbeit in neuen Formen fort. Fast unberührt vom großen Strom des geschichtlichen Lebens und allen Rückschlägen zum Trotz ist hier ein großes Werk vollbracht worden: die Umwandlung einer Wildnis in hochwertiges Kulturland. Nicht kriegerische Taten und glänzende Namen, sondern die zähe, friedliche und erfolgreiche Arbeit ungezählter Generationen bilden den Ruhm Gaterslebens. So war es, und so soll es bleiben.

III. BODEN, KLIMA UND VEGETATION IM RAUM VON GATERSLEBEN

Gatersleben gehört zum Kreis Aschersleben im Bezirk Halle. Die Einwohner, rund 3500, sind in einigen Landwirtschaftlichen Produktionsgenossenschaften, in der Zuckerfabrik, der Baumaschinenfabrik und der großen Braunkohlengrube des Dorfes Nachterstedt tätig.

Verkehrsverbindungen sind gegeben durch die Lage an der Bahnlinie Halberstadt-Halle (Saale) zwischen Halberstadt und Aschersleben (Eilzüge halten nicht) und durch Omnibus nach Quedlinburg.

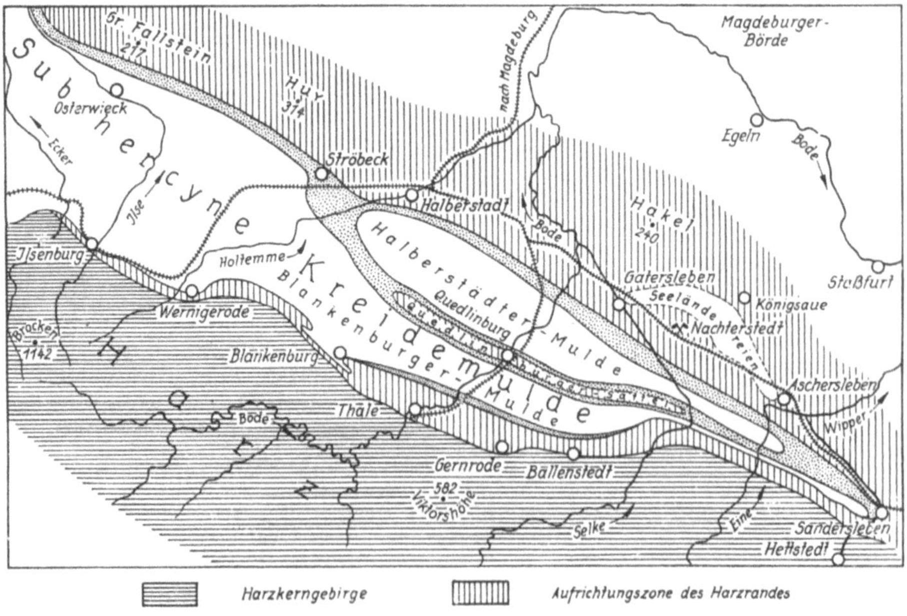

Lageskizze von Gatersleben

Die nächstgelegenen Städte sind Quedlinburg (12 km) im Südwesten, Halberstadt (18 km) im Nordwesten und Aschersleben (15 km) im Südosten; Ballenstedt (12 km) im Südsüdwesten ist relativ schwierig zu erreichen (vgl. Karte 1).

Die folgende kurze geologische Schilderung und die knappen klimatischen und pflanzengeographischen Bemerkungen sollen in das Verständnis des Raumes um Gatersleben einführen.

Bei der Emporhebung des Harzes wurden die an seinen Nordrand anschließenden, aus Meeresablagerungen des Erdmittelalters (Trias, Jura, Kreide) bestehenden Gesteinsschichten wellenartig gefaltet. Ausdruck dieser Faltung sind die ungefähr parallel zum Harzrand verlaufende Subherzyne Kreidemulde, die einem Wellental entspricht, und der sie nach Nordosten begrenzende Hauptsattel als Wellenberg mit dem Großen Fallstein, dem Huy und dem Hakel. Im östlichen, zum nordöstlichen Harzvorland gerechneten Abschnitt der Subherzynen Kreidemulde (benannt nach der den Muldenkern bildenden, jüngsten Formation) wird diese in die südliche Blankenburger und die nördliche Halberstädter Spezialmulde durch den Quedlinburger Sattel getrennt. Er ist ein zusätzlicher, zwischen den Harzrand und den Hauptsattel eingeschobener Wellenberg und verläuft von Ströbeck über Quedlinburg bis südlich von Aschersleben. Dank der Widerstandsfähigkeit der Gesteine der Sattelkerne sind diese in dem hier zu betrachtenden kleinen Abschnitt östlich der Bode als Bergrücken, die Mulden dagegen als flache Becken erhalten geblieben. So gestaltet sich die Geologie dieses Teiles des nordöstlichen Harzvorlandes in groben Zügen ziemlich übersichtlich.

Nördlich des die Halberstädter Mulde im Norden bzw. Nordosten begrenzenden Hakelsattels bildet das versumpfte Bodetal die Grenzzone gegen die Magdeburger Börde, einen südlichen Ausläufer des norddeutschen Flachlandes. Die deutlich erkennbare Landschwelle südlich der Börde stellt den Anfang der deutschen Mittelgebirgsschwelle dar.

Am Südrand des Hakelsattels liegt das Dorf Gatersleben dort, wo das breite Tal der Seeländereien sich mit dem der Selke vereinigt, etwa 111,5 m ü. M.

Die Landschaft in diesem Gebiet zwischen Eine und Bode entspricht dem Übergang von der Lebhaftigkeit der Subherzynen Kreidemulde in der Quedlinburger Umgebung zu der Großzügigkeit und Weite der fruchtbaren, waldlosen Kultursteppe der Börde.

Im weitaus größten Teil des Gebietes sind die älteren Schichten von mächtigem Glazialdiluvium, Löß und oft auch Geschiebemergel oder in Talrinnen von Abtragungsprodukten der Nachbarböden bedeckt. Die etwa 3 bis 4 km breite, größtenteils bewaldete Hakelhochfläche besteht aus unterem Muschelkalk (Wellenkalk). Nur in der Umgebung der Domburg, der höchsten Erhebung des Hakels (240 m), im Wassertal und an den Steilhängen des Wassergrundes tritt der als Sattelkern darunter liegende Röt zutage. Die Hakelhochfläche wird durch eine kilometerbreite Talsenke (meist diluvial überlagerter mittlerer Muschelkalk) von einem wallartigen, hufeisenförmigen, kahlen Höhenzuge aus oberem Muschelkalk getrennt. Die sich nach Südwesten an diesen anschließende weite Ebene, die von den großen Flußtälern der Selke und Bode durchschnitten wird, ist aus den überwiegend weichen, tonigen Ablagerungen des Keupers aufgebaut.

Unter alluvialer und diluvialer Bedeckung erfüllen ausgedehnte und mächtige Ablagerungen der mitteldeutschen älteren Braunkohlenformation in typischen kleinen, aber tiefen Becken große Teile der Seeländereien sowie im Gebiet zwischen Aschersleben und Königsaue deren nördliche Randgebiete. Vor allem enthalten die Spezialbecken von Königsaue und Nachterstedt-Frose abbauwürdige Kohle, die im Tagebau in ausgedehntem Maße gewonnen wird.

Interglazial wurden durch die Harzflüsse zwei Schotterterrassen gebildet. Die jüngere (möglicherweise sogar postglaziale) bildet die heutigen, von Auelehm bedeckten Flußauen, in die die rezenten Flußläufe nur wenig eingeschnitten sind. Die ältere, von dieser deutlich abgesetzte, höher gelegene Terrassenfläche ist vor allem zwischen Friedrichsaue, Gatersleben bis Hedersleben längs der Seeländereien und der Selke gut entwickelt. Über die ältere Interglazialterrasse lagerte sich jüngeres Glazialdiluvium fast ausschließlich als Geschiebemergel. Diese Ablagerungen wurden so weit abgetragen, daß sie keine zusammenhängende Decke mehr bilden und der Löß, der Vertreter der jüngsten Vereisung, oft unmittelbar den älteren Schichten aufliegt. Dieser Löß überzieht in einer meist unter 2 m bleibenden Mächtigkeit fast die ganze Gegend. Lößfrei sind nur die höchsten Erhebungen der Hakelhochfläche und große Teile des diese umrahmenden oberen Muschelkalkrückens sowie die steilen Flanken der größeren und kleineren Täler. Auf der Hakelhochfläche finden sich Übergänge von geschlossener Lößdecke bis zum dünnen Lößschleier und vollständigen Verschwinden des Lößes. Mit seiner oberflächlichen Entkalkung ging wahrscheinlich gleichzeitig im ganzen Gebiet eine Humifikation einher, die in der Schwarzerde ihr Ergebnis hatte. Die große Fruchtbarkeit des Lößbodens wurde hierdurch noch gesteigert. Die Schwarzerde überzieht dem Löß entsprechend, mit Ausnahme der Hakelhochfläche, ebenfalls das ganze Gelände und fehlt nur dort, wo sie abgeschlämmt wurde. Hier ist der oberflächliche Löß kalkhaltig. Alluvial sind die Aufschüttungen in den Seeländereien, den Talauen der Selke und Bode, sowie in den größeren Talrinnen des Hakelsattels. Sie bestehen fast stets aus umgelagerter, oft kalkhaltiger Schwarzerde und erreichen zuweilen über 2 m Mächtigkeit.

Das Klima von Gatersleben ist im wesentlichen gekennzeichnet durch die geringen jährlichen Niederschlagshöhen, die wenig über 500 mm liegen. Allerdings sind die Schwankungen von Jahr zu Jahr nicht unerheblich (etwa 320 bis 740 bei einem Durchschnitt von 505 mm); besonders differieren die Extremwerte in den Monaten Juli und August. Die insgesamt spärlichen Niederschläge fallen während der Vegetationsperiode oft in Starkregen. So werden in kürzester Zeit für Lößgebiete typische, tiefe Erosionsrinnen mit senkrechten Wänden in die unbefestigten Feldwege in Hanglagen gerissen. Das nicht tief eindringende Platzregenwasser macht den Boden oberflächlich so schmierig, daß man Mühe hat, sich fortzubewegen. Die mittlere wirkliche Temperatur beträgt im Januar 0 bis 1°C, im Juli 17 bis 18 °C, in der Vegetationsperiode (Mai bis Juli) 15 bis 16°C. Das mittlere Datum des letzten Frostes liegt vor dem 21. 4. und das des ersten wenig nach dem 21. 10. Die 220-Tage-Linie für die Temperatur von mindestens 5°C verläuft um den Hakelsattel. Das Gebiet südlich des Hakelsattels hat nur 150 bis 160 Tage von mindestens 10°C. Die durchschnittliche Luftfeuchtigkeit liegt zwischen 75 und 80%. Über die Nebel- und Schneetage sowie die Sonnenscheindauer liegen erst zehnjährige Messungen vor. Die vorherrschende Windrichtung der vergangenen zehn Jahre ist Nordwest. Starke Frühjahrs- und Herbststürme sind nicht selten. So ist die Winderosion durch riesige Staubwolken hochgewirbelten Lößes in dieser Landschaft oft augenfällig.

In pflanzengeographisch-phytozönologischer Hinsicht liegt die Umgebung Gaterslebens noch im Raum des in den deutschen Mittelgebirgen weit nach Westen vordringenden kontinentalen Eichenmischwaldes, an den sich weiter im Westen Buchenwälder anschließen. Der Hakel repräsentiert einen der wenigen und sehr charakteristischen Reliktwälder am Nordwestrand des fast waldlosen „mitteldeutschen Trockengebietes". In dem Eichenmischwald fallen neben dem starken Zurücktreten der Buche besonders zahlreiche Winterlinden, Elsbeeren, Wildkirschen, -birnen und -äpfel als Holzarten auf. Lichte Stellen sind oft weithin dicht mit Diptam besiedelt, und auch *Lithospermum purpureo-coeruleum*, *L. officinale*, *Asperula tinctoria*, *Inula salicina* u. ä. sind nicht selten. Besonders bemerkenswert ist aber das sehr reichliche Vorkommen von *Melica picta*. Sie bildet hier an ihrer Nordgrenze ausgedehnte Bestände. Das stark kontinentale Gepräge der Vegetation als Ausdruck des Klimas im mitteldeutschen Trockengebiet offenbart sich in der Umgebung Gaterslebens aber nicht nur in den Gesellschaften des Hakelwaldes, sondern wird auch in den Unkraut- und Trockenrasengesellschaften deutlich.

Zahlreiche durch das nordöstliche Harzvorland verlaufende Arealgrenzen einzelner Arten charakterisieren die pflanzengeographische Lage dieses Gebietes.

IV. STRUKTUR UND VERWALTUNG DES INSTITUTS

Das Institut umfaßt gegenwärtig fünf wissenschaftliche Abteilungen und drei technische Abteilungen sowie eine Verwaltungsabteilung, der eine ganze Reihe für den allgemeinen Institutsbetrieb notwendige Kräfte unterstellt sind. Die fünf wissenschaftlichen Abteilungen sind folgende:

1. Abteilung Genetik und Cytologie (vgl. Plan Nr. 3) unter Leitung des Direktors des Instituts Prof. Dr. Dr. h. c. Hans Stubbe
2. Abteilung Chemische Physiologie (vgl. Plan Nr. 5) unter Leitung von Dr. habil. Klaus Schreiber
3. Abteilung Systematik und Sortiment (vgl. Plan Nr. 4) unter Leitung von Doz. Dr. habil. Siegfried Danert
4. Abteilung Pysikalische Physiologie (vgl. Plan Nr. 6) unter Leitung von Dr. Herta Sagromsky
5. Abteilung Forstpflanzenforschung (vgl. Plan Nr. 7) unter der forstlichen Leitung von Oberforstmeister Kurt Wuttky.

Den wissenschaftlichen Abteilungen steht für die Anzucht der Versuchspflanzen, für die gärtnerische Betreuung der Freilandversuche sowie für die Pflege der Zieranlagen und nicht zuletzt für die Durchführung der erforderlichen Transporte innerhalb und außerhalb des Instituts die Abteilung Versuchsfeld und Zuchtgärten unter Leitung des Gartenbauinspektors Felix Gasser zur Seite.

Die zweite technische Abteilung ist die Abteilung Betriebswerkstätten, die in erster Linie die Hauptinstandsetzungen und die laufenden Instandhaltungsarbeiten an den Gebäuden, der gesamten technischen Einrichtung und sonstigen Geräten durchzuführen hat. Für die Organisierung und Überwachung der gesamten Arbeiten sind ein Betriebsingenieur, ein Bauingenieur und ein Werkstattleiter eingesetzt, die dem Verwaltungsleiter unterstehen.

Das Gebäude der Abteilung Genetik und Cytologie
Aufn. H. Kraßmann

Die Ausgangsbasis für die Einrichtung des Instituts bildete die ehemalige Domäne Gatersleben, die 1945 in Volkseigentum überführt wurde und jetzt als Abteilung Landwirtschaft arbeitet. Neben Bereitstellung von Dünger jeder Art und Versuchsflächen hat diese Abteilung vorwiegend produktive Aufgaben; sie steht unter der Leitung von Dipl.-Landw. Hans-Joachim Kühn.

Den reibungslosen Ablauf der wissenschaftlichen und technischen Arbeiten im Institut gewährleistet eine zentrale Verwaltung unter Leitung des Betriebsleiters Otto Dümichen. Zu ihrem Aufgabenbereich gehört auch die Vorbereitung, Entwicklung und Instandhaltung der Institutsanlagen sowie die Organisation und Kontrolle bei der Durchführung der umfangreichen Investitionsbauvorhaben.

V. ABTEILUNG GENETIK UND CYTOLOGIE

Leiter: Direktor des Instituts Prof. Dr. Dr. h. c. Hans Stubbe.

Wissenschaftliche Mitarbeiter: Doz. Dr. habil. Helmut Böhme, Dr. Peter Döbel, Dipl.-Ing. Igor Grebenščikov, Dr. Kurt Gröber, Dr. Rudolf Hagemann, Dipl.-Landw. Gottfried Künzel, Dipl.-Biol. Barbara Mackenstein, Dr. Arnd Michaelis, Dr. Andreas Müller, Dr. Reinhard Panitz, Dr. Rigomar Rieger, Dr. Friedrich Scholz, Dr. Jörg Schöneich, Dipl.-Biol. Horst Stäber, Dr. Martin Zacharias.

Als Angehöriger des Instituts für Genetik der Martin-Luther-Universität Halle-Wittenberg arbeitet in der Abteilung: Dr. Walter Baudisch.

Die Arbeiten der Abteilung Genetik und Cytologie konzentrieren sich auf folgende Gebiete genetischer Forschung:

1. Theoretische Mutationsforschung
2. Angewandte Mutationsforschung
3. Genetisch-systematische und evolutionsgenetische Untersuchungen an Mutanten
4. Entwicklungsphysiologisch-genetische, biochemisch-genetische und cytogenetische Untersuchungen an Mutanten
5. Untersuchungen über Chromosomenstruktur und Genphysiologie.

1. Theoretische Mutationsforschung

Ziel der Arbeiten auf dem Gebiet der theoretischen Mutationsforschung ist die Aufklärung von Wesen und Ursachen der Mutabilität. Nachdem bei *Antirrhinum majus* schon vor längerer Zeit nachgewiesen wurde, daß physiologische Faktoren, wie Mangelernährung, Alter des Pollens oder Samens die Genmutabilität beeinflussen, ist kürzlich die Wirkung einer Überernährung der

Pflanzen auf die Mutationsrate untersucht worden (Stubbe). Mit der Sippe 50 von *Antirrhinum majus* und einigen Mutanten dieser Sippe werden die Wirkungen einer Reihe chemischer Mutagene und ionisierender Strahlen mit dem Ziel geprüft, die Unterschiede von Mutationsspektren zu erfassen, die vom mutagenen Agens und vom Genotyp verursacht sein können (Zacharias).

Die kleine Crucifere *Arabidopsis thaliana* wird wegen ihrer methodischen Vorzüge als Modellobjekt zum Studium verschiedener Probleme der Mutagenese benutzt. Als Testmutationen dienen rezessive Letalfaktoren, die sich bereits im Embryonalstadium manifestieren. Insbesondere laufen Versuche zur Beeinflussung der mutagenen Wirkung ionisierender Strahlen und zur Wirkung chemischer Mutagene (Müller).

Bei der Kulturtomate hat die Untersuchung der Chlorophyllmutante *sulfurea* zum Auffinden der Erscheinung der somatischen Konversion geführt. Die genetische Analyse hat das Ziel, die verschiedenen Erscheinungen und Besonderheiten dieser allelinduzierten Genlabilität zu erfassen und Einblick in ihren Mechanismus zu gewinnen (Hagemann).

Chromosomensatz aus einer Wurzelspitzenmeristemzelle von *Vicia faba* (2n = 12) mit einem ,,Isolocusbruch" (a), einer ,,reziproken Chromatidentranslokation" (b) und einer ,,Deletion" (c) nach Einwirkung chemischer Mutagene (ca. 2500 ×)

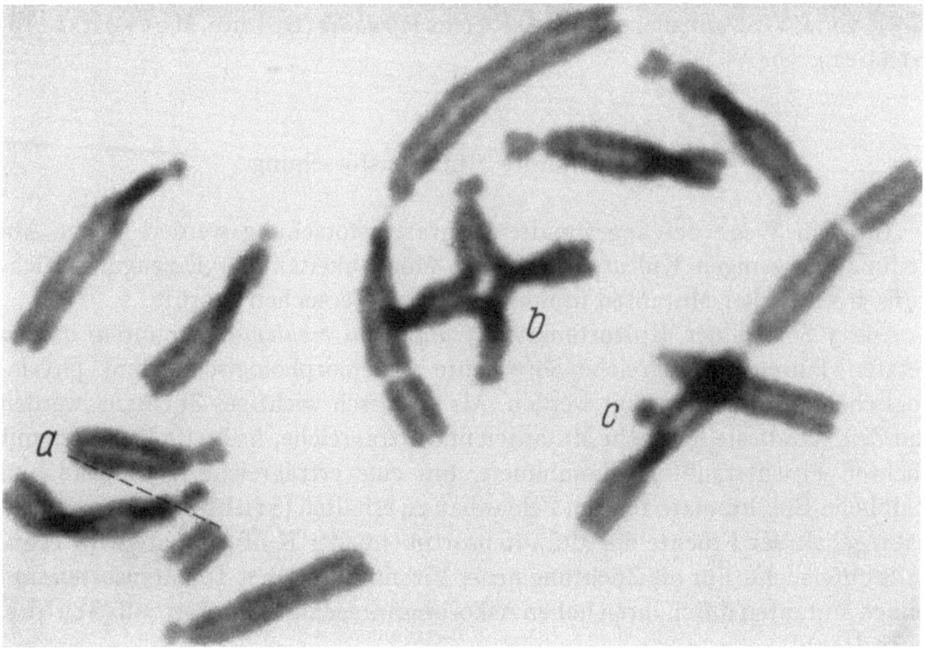

In den cytologischen Laboratorien werden verschiedene Fragen im Zusammenhang mit dem Wirkungsvermögen und dem Wirkungsmechanismus chemischer und physikalischer Agentien, die Chromosomenaberrationen auslösen, bearbeitet. Als Testobjekte dienen je nach Fragestellung botanische und zoologische Objekte. Diese Kombination gestattet vergleichende Untersuchungen durchzuführen und die an verschiedenen Systemen erarbeiteten Ergebnisse auf breiterer Basis im Hinblick auf ihre Allgemeingültigkeit zu überprüfen. Im Vordergrund des Interesses stehen dabei Experimente zur Analyse der Ursachen und Konsequenzen der differentiellen Sensibilität verschiedener Gewebe, verschiedener Zellteilungsphasen und verschiedener Chromosomen bzw. Chromosomenabschnitte gegenüber Mutagenen (Rieger, Michaelis, Schöneich).

Im mikrobiologischen Laboratorium werden Probleme der Bakteriengenetik bearbeitet. Mit Hilfe der Transduktionstechnik wird die Feinstruktur bestimmter Abschnitte des genetischen Materials von *Proteus mirabilis* untersucht. Der Transduktion (Übertragung von Teilen des genetischen Materials aus einer Spender-Bakterienzelle in eine Empfängerzelle durch einen Bakteriophagen) liegt ein Rekombinationsprozeß zugrunde, der es gestattet, die Lagebeziehungen verschiedener Mutationsorte innerhalb eines Locus und zwischen eng gekoppelten Loci zu studieren. Diese Arbeiten sollen Aufschluß über die Organisation des genetischen Materials von *Proteus mirabilis* im Vergleich zu anderen Bakterienarten geben. Andere Arbeiten befassen sich mit der mutagenen Wirkung alkylierender Verbindungen, anderer chemischer Mutagene sowie von UV-Strahlen ebenfalls an *Proteus mirabilis* (Böhme, Mackenstein, Stäber).

2. Angewandte Mutationsforschung

Auf dem Wege der angewandten Mutationsforschung werden in der Abteilung bei einigen Kulturpflanzen die Möglichkeiten der Erzeugung züchterisch wertvoller Mutanten in umfangreichen Versuchen geprüft.

Aus 3 Sorten der Kulturtomate *Lycopersicon esculentum* konnten in den letzten Jahren umfangreiche Sortimente von morphologischen und physiologischen Mutanten erzeugt werden. Als praktisch wichtiges Zuchtziel werden zur Zeit standfeste halbhohe Mutanten und ertragreiche, frühreife Mutanten mit dichter Fruchtstandfolge kombiniert, um eine ertragreiche, standfeste und halbhohe Buschtomate für den Feldanbau zu erhalten (Stubbe). Der Askorbinsäuregehalt der Früchte des Mutantensortiments der Kulturtomate wird ebenfalls untersucht. Für die Züchtung neuer Vitamin-C-reicher Tomatensorten sind einige Mutanten durch ihren hohen Askorbinsäuregehalt sehr wertvoll (Stubbe, Baudisch).

Die auch bei der Wildtomate *Lycopersicon pimpinellifolium* in großer Zahl erzeugten Mutanten sind insofern von praktischem Wert, als festgestellt werden konnte, daß in einer Reihe von Mutanten dieser Wildtomate der Tomatingehalt über 100% gegenüber der Kontrolle gesteigert ist. Die Pflanzen würden ein bevorzugtes Ausgangsmaterial für die Gewinnung des für die pharmazeutische Industrie bedeutungsvollen Alkaloids darstellen (Stubbe, Schreiber).

Bei Sommer- und Wintergerste wurden in langjährigen Versuchen zahlreiche, durch Röntgenstrahlen oder chemische Mutagene induzierte Mutanten ausgelesen. Das Mutantensortiment umfaßt gegenwärtig etwa 1000 Formen. Eine Anzahl davon weist züchterisch wertvolle Merkmale auf, so u. a. Standfestigkeit, Glattgrannigkeit, Nacktkörnigkeit, Mehltauresistenz. Mehrjährige Ertragsprüfungen dieser Mutanten führten zu sehr zufriedenstellenden Ergebnissen. Durch Kreuzungen verschiedener geprüfter Mutanten untereinander wurden Stämme entwickelt, bei denen zwei oder mehr züchterisch erwünschte, mutierte Merkmale kombiniert sind. Mit Hilfe von umfangreichen Rohprotein-Serienanalysen konnten auch einige eiweißreiche Mutanten selektiert werden,

Im Gersten-Mutanten-Sortiment (Abt. Genetik u. Cytologie)
Aufn. N. Franke

die für die Qualitätsverbesserung der Futtergerste von großer Bedeutung sein können. Darüber hinaus werden viele Mutanten für die genetische Analyse wichtiger Merkmale oder für taxonomische und andere Untersuchungen verwendet (Scholz). Ferner sind cytogenetische Untersuchungen an einer Reihe von Gerstenmutanten eingeleitet worden (Künzel).

Ein weiteres Objekt, das in den Bereich der angewandten Mutationsforschung einbezogen wurde, ist die Sojabohne. Diese in Deutschland noch nicht anbauwürdige Kulturpflanze soll wegen ihres hohen Eiweißgehalts und der hohen biologischen Wertigkeit des Eiweißes für die deutsche Landwirtschaft nutzbar gemacht werden. In dem aus etwa 500 Formen bestehenden Mutantensortiment haben sich einige frühreife und ertragreiche Mutanten als sehr wertvoll erwiesen. Sie übertreffen die Ausgangssorte um 30–50% im Körnerertrag. Ferner werden einige Mutanten auf ihr verändertes physiologisches Verhalten geprüft und die sehr schwierige Kreuzungstechnik entwickelt (Zacharias).

Züchterisch wertvolle Mutanten. Links: Korn der bespelzten Gerstensorte 'Haisa'; rechts: Korn einer daraus durch Röntgenbestrahlung entstandenen nacktkörnigen Mutante (Abt. Genetik u. Cytologie)

Mittels Röntgenstrahlen und radioaktivem Phosphor werden bei Obst somatische Mutationen induziert. Die Versuche sollen zeigen, ob es mit Hilfe dieser Methoden möglich ist, in größerem Umfang erbliche und für die Züchtung bedeutungsvolle Veränderungen zu erhalten. Die Ausbildung rotgestreifter Früchte beim 'Weißen Klarapfel' – ein lang gesuchtes und wirtschaftlich wertvolles Merkmal – konnte als somatische Mutation erkannt werden (Gröber).

Züchterisch wertvolle Mutanten. Oben: Ausgangssorte 'Weißer Klarapfel'; Mitte u. unten: rotgestreifte Früchte einer daraus entstandenen röntgeninduzierten Sproßmutante (Abt. Genetik u. Cytologie)

3. Genetisch-systematische und evolutionsgenetische Untersuchungen an Kulturpflanzen und anderen Objekten

Die in der Abteilung vorhandenen großen Mutantensortimente der Kulturtomate, von Sommer- und Wintergerste und der Sojabohne eignen sich gut für genetisch-systematische Untersuchungen, da das Institut auch große Sortimente der natürlichen Formenmannigfaltigkeit dieser Kulturpflanzen besitzt. In Zusammenarbeit mit der Abteilung Systematik und Sortiment werden die künstlich erzeugten Mutanten mit der natürlichen Formenmannigfaltigkeit verglichen und, soweit möglich, wird auch ihre genetische Identität ermittelt (Stubbe, Scholz, Zacharias, Lehmann).

Evolutionsgenetische Probleme werden an verschiedenen Wildformen von Kulturpflanzen untersucht. Dazu werden Mutationsversuche mit *Hordeum agriocrithon*, *Hordeum spontaneum* und *Lycopersicon pimpinellifolium* durchgeführt. Ziel der Untersuchungen ist einmal das Auffinden von Mutanten, die Kulturmerkmale repräsentieren, zum anderen die Erzeugung von Parallelmutanten und deren genetischer und cytologischer Vergleich mit der entsprechenden Mutante der Kulturform. Zahlreiche Parallelmutanten wurden gefunden und auch die ersten mutativ bedingten Kulturmerkmale (Spindelfestigkeit und Vergrößerung der Früchte) festgestellt (Stubbe).

Ein großes Sortiment von Kürbisgewächsen und Mais wird besonders hinsichtlich der Vererbung einiger quantitativer Merkmale und der Heterosis untersucht. Es werden die durchschnittlichen Heterosiseffekte (berechnet aus vielen Einzelkreuzungen) beachtet, die – wie die Versuche zeigten – für eine bestimmte Art und ein bestimmtes Merkmal typisch sind. Ferner wird über die Probleme der Klassifizierung einzelner Kulturformen dieser Objekte gearbeitet. Populationsforschung (in Zusammenhang mit geographischer Verbreitung) wird an einigen Käfergruppen durchgeführt (Grebenščikov).

4. Entwicklungsphysiologisch-genetische, biochemisch-genetische und cytogenetische Untersuchungen an Mutanten

Verschiedene Chlorophyllmutanten von *Lycopersicon esculentum*, *L. pimpinellifolium*, *Antirrhinum*, *Pelargonium* und *Arabidopsis* eignen sich besonders gut für entwicklungsphysiologisch-genetische, biochemisch-genetische und cytogenetische Untersuchungen.

Im elektronenmikroskopischen Laboratorium werden in Zusammenarbeit mit anderen Mitarbeitern der Abteilung hauptsächlich die plasmatischen Organellen der Pflanzenzelle (Plastiden, Mitochondrien usw.) untersucht. Bei Mutanten wird die Wirkung der Erbfaktoren auf die Ausbildung und die Struktur dieser Organellen erfaßt und versucht, die aufgetretenen strukturellen

Veränderungen in Beziehung zur veränderten physiologischen Tätigkeit dieser Zellbestandteile zu setzen (Döbel, Baudisch, Hagemann, Müller). Außerdem wird der submikroskopische Bau der Chromosomen studiert (Döbel).

Feinstruktur eines Chloroplasten von *Antirrhinum majus* (Abt. Genetik u. Cytologie)

Im Zusammenhang mit Fragen der Plastidenvererbung werden gescheckte Pflanzen des Status *(par-)albomaculatus* von *Antirrhinum*, *Lycopersicon* und *Pelargonium* auf das Vorkommen von echten Mischzellen geprüft (Hagemann).

Die homozygot rezessiven Mutanten der Kulturtomate xan_5 und alb_1 entwickeln nach Pfropfung auf eine normale Unterlage unter bestimmten Kulturbedingungen grüne Blattpigmente. Durch Anzucht der Mutanten in Nährlösungen im Klimaraum wird geprüft, welche physiologischen oder physikalischen Faktoren die Chlorophyllbildung beeinflussen (Gröber, Machold).

Cytogenetische Arbeiten beschäftigen sich mit der Aufklärung verschiedener Grün-Gelb-Scheckungen und abweichender Erbgänge von Tomatenmutanten (Gröber, Hagemann).

5. Chromosomenstruktur und Genphysiologie

Studien über die Dynamik der Chromosomenstruktur als Ausdruck genphysiologischer Funktionen werden an den Riesenchromosomen von Dipteren durchgeführt. Die Spezifität der Funktionsstrukturen und des Stoffwechsels wird in verschiedenen Zellen, Geweben und Entwicklungsstadien von *Acricotopus lucidus* untersucht. Ferner soll das Verhalten der Funktionsstrukturen und des Zellstoffwechsels nach Veränderungen des karyotischen und außerkaryotischen Milieus geprüft werden, um genphysiologische Zusammenhänge zwischen Funktionsstruktur und Zellcharakter nachzuweisen (Baudisch, Panitz).

VI. ABTEILUNG CHEMISCHE PHYSIOLOGIE

Leiter: Dr. habil. Klaus Schreiber.

Wissenschaftliche Mitarbeiter: Dr. Günter Adam, Dipl.-Chem. Otto Aurich, Dr. Wolfgang Gosda, Apotheker Christian Horstmann, Dr. habil. Otto Machold, Dr. Gerhard Osske, Dr. Klaus Pufahl, Dr. Helmut Ripperger, Dr. habil. Anneliese Romeike, Dr. Hasso Rönsch, Dipl.-Chem. Armin Rudolph, Dr. Horst Schmidt, Dipl.-Chem. Gernot Schneider, Dr. Günter Scholz, Dr. Günther Sembdner, Dr. Ulrich Wallwitz, Dipl.-Chem. Jürgen Weiland.

Prof. Dr. Alfred Rieth (stellvertretender Institutsdirektor). Gastweise beherbergt die Abteilung derzeit vorübergehend die Botanische Abteilung der im Aufbau begriffenen Forschungsstelle für Limnologie der DAW. Hier arbeiten Prof. Dr. A. Rieth, Dipl.-Biol. Gisela Busse, Dr. Jost Casper.

Die Arbeitsrichtung der Abteilung ist durch die spezielle Aufgabenstellung des Instituts gegeben. So werden in Zusammenarbeit mit den vorwiegend genetisch und botanisch ausgerichteten weiteren Abteilungen des Instituts Fragen der Pflanzenphysiologie, der pflanzlichen Biochemie und der Naturstoffchemie behandelt. Im Mittelpunkt stehen hierbei Untersuchungen an Kulturpflanzen über die stofflichen Grundlagen der Ertrags- und Qualitätsausbildung sowie Arbeiten über die Einführung neuer, leistungsstarker Pflanzenkulturen für die menschliche und tierische Ernährung bzw. als Ausgangsmaterial für die industrielle und insbesondere pharmazeutische Produktion. Hauptthemen der Forschung sind:

1. Chemie und Biochemie der *Solanum*-Alkaloide und anderer Pflanzensteroide
2. Chemie, Biochemie und Physiologie weiterer Alkaloide
3. Untersuchungen über Spurenstoffe
4. Chemie und Biochemie der Nucleinsäuren

5. Untersuchungen mit radioaktiven und stabilen Isotopen über den Nährstoffhaushalt der Kulturpflanzen

6. Wirt-Parasit-Wechselbeziehungen beim Kartoffelnematoden

7. Kryptogamenstudien.

1. Chemie und Biochemie der *Solanum*-Alkaloide und anderer Pflanzensteroide

Pflanzliche Steroide im allgemeinen und *Solanum*-Steroidalkaloide im besonderen haben als Ausgangsmaterial für die industrielle Steroidhormon-Synthese in den letzten Jahren zunehmend an Bedeutung gewonnen. Ziel der Untersuchungen ist, die in einer größeren Anzahl von *Solanum*- und *Lycopersicon*-Arten sowie deren Varietäten und Mutanten vorkommenden Steroidalkaloide, Steroidsapogenine, Sterine und Triterpenoide zu isolieren sowie gegebenenfalls in ihrer chemischen Struktur aufzuklären. Schließlich ist zur Be-

Innenhof der Abteilung Chemische Physiologie
Aufn. W. Frankenfeld

stätigung der so gewonnenen Ergebnisse die Synthese dieser Naturstoffe durchzuführen. Weitere Untersuchungen beschäftigen sich mit dem chemischen Reaktionsverhalten der isolierten Verbindungen. Hierbei werden schwerpunktsmäßig solche Steroide bearbeitet, die sich auf Grund ihrer vorteilhaften Konstitution bzw. leichten Zugänglichkeit bevorzugt als Ausgangsmaterial für die Darstellung von Steroidhormonen verwenden lassen.

Im Zuge dieser Arbeiten haben sich neue Trennverfahren, wie beispielsweise die Dünnschichtchromatographie, sowie physikalische Untersuchungsmethoden sehr bewährt. Von großem Nutzen erwies sich z. B. die von Prof. M. von Ardenne entwickelte Methode der Molekül-Massenspektrographie mit Ionenbildung durch Anlagerung energiearmer negativer Ladungsträger. Ein besonderer Vorzug des Verfahrens liegt in der Möglichkeit, die Molekulargewichte auch kompliziert gebauter organischer Verbindungen sowie die Molekulargewichtsverteilung von oftmals schwer trennbaren Gemischen schnell und exakt zu ermitteln. Gemeinsam mit dem Forschungsinstitut Manfred von Ardenne, Dresden-Weißer Hirsch, sind mit zahlreichen Steroiden verschiedenen Strukturtyps sowie mit weiteren Naturstoffen molekülmassenspektrographische Untersuchungen auf breiter Grundlage in Angriff genommen worden. In Form einer weiteren Gemeinschaftsarbeit mit Dr. K. Heller, Jena, werden Untersuchungen zur optischen Rotationsdispersion stickstoffhaltiger Verbindungen, speziell von Steroidalkaloiden, durchgeführt.

Nachdem in den vergangenen Jahren etwa 125 *Solanum*-Arten sowie – gemeinsam mit der Genetischen Abteilung des Instituts – über 400 experimentell erzeugte Mutanten von *Lycopersicon esculentum* und *L. pimpinellifolium* auf ihr Alkaloidvorkommen hin untersucht worden sind, wobei mehrere neue Alkaloide isoliert und in ihrer chemischen Struktur aufgeklärt wurden, beschäftigten sich nunmehr verschiedene Arbeitsgruppen der Abteilung mit folgenden speziellen Problemen:

Isolierung und Konstitutionsermittlung der in einer Chemovarietät von *Solanum dulcamara* vorkommenden Tomatid-5-en-3β-ol-glykoside (Rönsch). Das Aglykon Tomatid-5-en-3β-ol ist ein bevorzugtes Ausgangsmaterial für die Darstellung von Steroidhormonen; es kann noch leichter als Solasodin und mit noch besseren Ausbeuten zu 3β-Acetoxy-pregna-5.16-dien-20-on abgebaut werden. Aus diesem Pregnanderivat lassen sich zahlreiche Sexual- und Nebennierenrinden-Hormone sowie weitere therapeutisch verwendete Steroide, wie beispielsweise Testosteron, Progesteron, Cortison und Prednison, auch in industriellem Maßstabe darstellen (vgl. Formelbilder auf S. 40). Alkaloidchemische Untersuchungen an F_1-und F_2-Bastarden der Kreuzungen zwischen Soladulcidin- und Tomatidenol-führenden Sippen von *S. dulcamara* sollen zur

Zusatz-Belichtungsanlage (Abt. Chemische Physiologie)
Aufn. W. Frankenfeld

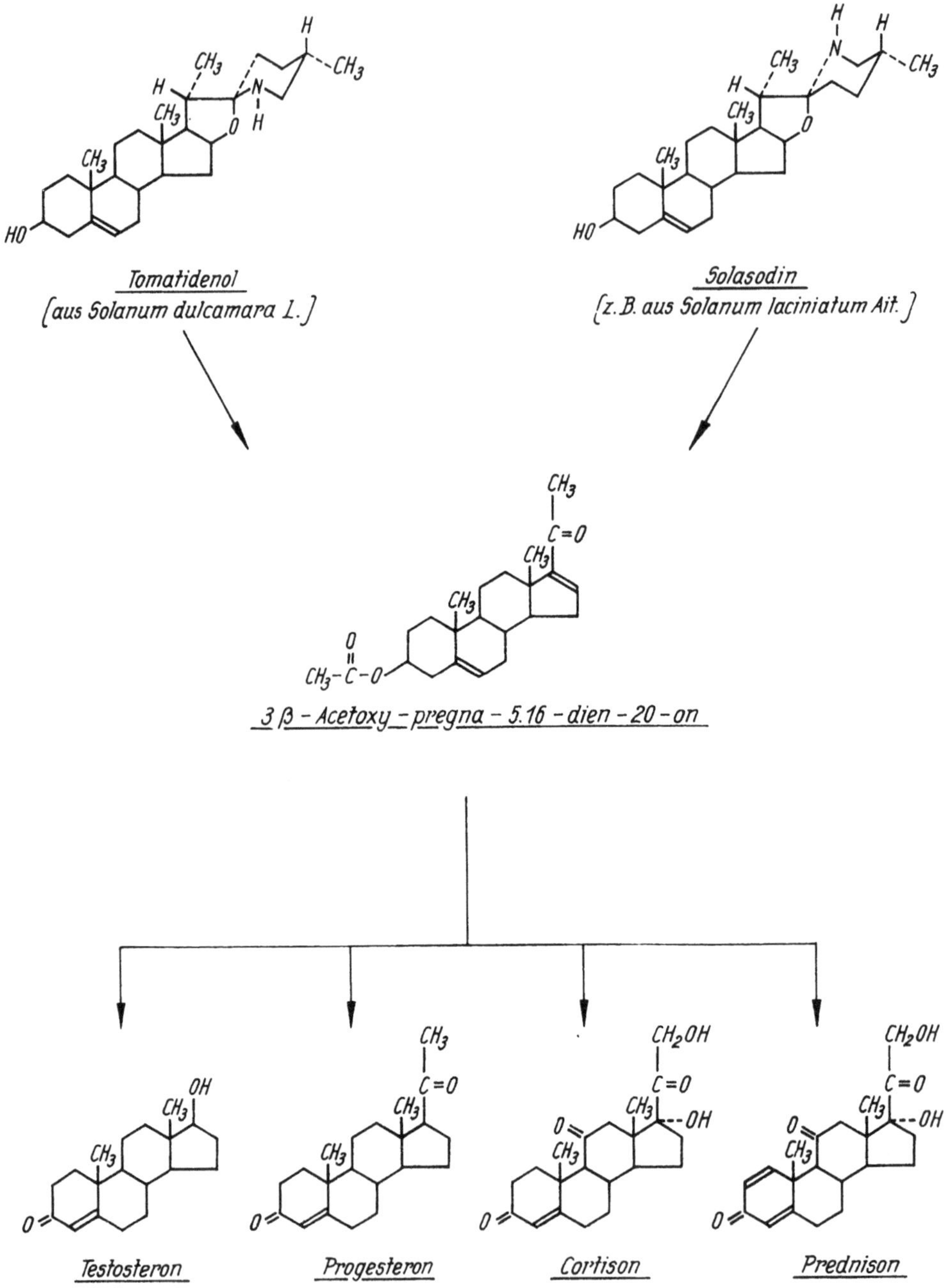

Formelbild (vgl. S. 39)

theoretisch und praktisch bedeutsamen Klärung des Steroidalkaloid-Vererbungsganges beitragen. Weitere Arbeiten betreffen die Alkaloide von *Solanum panduraeforme* (Ripperger) sowie die Nebenalkaloide und Steroidsapogenine von *Lycopersicon pimpinellifolium* und deren Mutanten (Aurich).

Nach Abschluß der Arbeiten zur formalen Totalsynthese der *Solanum*-Steroidalkaloide Soladulcidin und Tomatidin aus totalsynthetisch bereits zugänglichen Pregnanderivaten (Adam), an welche die Synthesen der Δ^5-ungesättigten Alkaloide Solasodin, Tomatidenol und Solanidin angeschlossen wurden (Rönsch), konnten aus Pregn-5-en-3β-ol-20-on eine Anzahl stereoisomerer, 16-unsubstituierter 22. 26-Imino-5α-cholestan-3β-ole dargestellt und in zwei Fällen durch Hofmann-Löffler-Freytag-Cyclisierung der N-Chlor-Derivate in entsprechende Solanidane überführt werden (Adam). Weitere Synthesen stickstoffhaltiger Steroide (Adam, Ripperger, Horstmann) sowie Untersuchungen zum Abbau tertiärer *Solanum*-Basen (Horstmann) dienen insbesondere der Klärung stereochemischer Fragen. Im Zusammenhang mit biochemischen und biogenetischen Problemstellungen wurden leistungsfähige Mikrotrenn- und -bestimmungsmethoden für *Solanum*-Alkaloide ausgearbeitet (Aurich).

Im Zuge der Untersuchungen über pflanzliche Sterine und Triterpenoide konnten in Kartoffelblättern außer Cycloartenol, β-Sitosterin und Stigmasterin weitere Nebensterine nachgewiesen werden. Für eine dieser Verbindungen wurde die Konstitution 4α-Methyl-5α-stigmasta-7.24(28)-dien-3β-ol ermittelt. Neuere Arbeiten beschäftigen sich mit Isolierung und Strukturaufklärung weiterer Nebensteroide sowie der in anderen Pflanzen vorkommenden Sterine und Triterpene, wobei die entsprechenden Wachskomponenten (höhere aliphatische Kohlenwasserstoffe, Alkohole und Ketone) in die Untersuchungen mit einbezogen werden (Osske).

2. Chemie, Biochemie und Physiologie weiterer Alkaloide

Nach Abschluß der Arbeiten über die Biogenese des Tropanalkaloids Scopolamin ist es von Interesse, weitere sekundäre Umwandlungen von Alkaloiden zu untersuchen und besonders die hierbei beteiligten Fermentsysteme aufzuklären. So konnte in oberirdischen Organen verschiedener *Datura*-Arten die sekundäre Umwandlung von Hyoscyamin in Norhyoscyamin festgestellt werden. Ein in *Datura*-Arten vorkommendes, bisher unbekanntes Alkaloid wurde als 6-Hydroxy-hyoscyamin identifiziert. Weitere Untersuchungen betreffen die Biogenese des Meteloidins, das auf einem Seitenweg der Scopolaminsynthese zu entstehen scheint. Gemeinsam mit Prof. G. Fodor, Budapest, werden Versuche mit ^{14}C-markierten Precursoren durchgeführt (Romeike).

Die Auffindung alkaloidreicher Pflanzen ist für die pharmazeutische Industrie von großem Interesse. Aus colchicinbehandeltem Samenmaterial einer

Datura-Artkreuzung hervorgegangene Polyploide zeigten in der C_2-Generation befriedigende Resultate sowohl hinsichtlich des Scopolamingehalts als auch der Wüchsigkeit und Einheitlichkeit. Diese Arbeiten werden zur weiteren Steigerung des Alkaloidgehalts fortgesetzt (Romeike).

Im Zuge unserer bisherigen Arbeiten über die basischen Inhaltsstoffe der Geißraute, *Galega officinalis*, konnten außer Galegin ein neues Guanidinderivat, das 4-Hydroxy-galegin, sowie das Chinazolinalkaloid (+)-Peganin isoliert werden. Diese Befunde sind vor allem im Zusammenhang mit der angestrebten Verwendung der Geißraute als Futterpflanze von Bedeutung. Für vorgesehene pharmakologische und toxikologische Untersuchungen sollen die hierzu erforderlichen größeren Mengen an 4-Hydroxy-galegin und (+)-Peganin insbesondere durch Synthese gewonnen werden. Weitere Arbeiten betreffen die Entwicklung einer dünnschichtchromatographischen Schnellmethode für Nachweis und Bestimmung der *Galega*-Basen sowie Fragen der Raumstruktur der genannten Verbindungen (Pufahl).

Im Hinblick auf zukünftige naturstoffchemische, biochemische und pflanzenphysiologische Arbeiten der Abteilung werden in Form einer Gemeinschaftsarbeit jährlich einige hundert bisher phytochemisch noch nicht genau überprüfter Pflanzenarten verschiedener Familien und Herkünfte vergleichend und orientierend auf vorkommende Alkaloide und weitere interessierende Inhaltsstoffe untersucht (Aurich, Osske, Pufahl, Romeike, Rönsch, Sembdner).

3. Untersuchungen über Spurenstoffe

Die Untersuchungen über die physiologische Bedeutung des Spurenelementes Bor in der Pflanze wurden mit der Klärung des Zusammenhangs zwischen Assimilattransport und Borversorgung zu einem vorläufigen Abschluß gebracht. So ergaben Experimente mit *Lemna minor*, daß das Gleichgewicht zwischen Stärke und Saccharose in der Pflanze und damit die Menge des verfügbaren Transportzuckers weitgehend von der Borversorgung abhängt (Scholz).

Ziel neuerer Untersuchungen ist die biochemische Aufklärung der „phänotypischen Normalisierung" von Tomatenmutanten. Es handelt sich insbesondere bei der Mutante *chloronerva* um einen bei höheren Pflanzen bisher kaum beobachteten Vorgang, der einen Einblick in die vom Gen zum Merkmal führenden chemischen Reaktionen gestattet. Gleichzeitig besteht die sonst nur bei Mikroorganismen gegebene Möglichkeit, die Biosynthese der durch Mutation veränderten, für die Pflanze lebenswichtigen Stoffe zu studieren. Bisherige Versuche mit der Mutante *chloronerva*, die von Arbeiten mit den Spurenelementen Bor und Eisen ausgegangen waren, hatten den Hinweis erbracht, daß es sich hier um gleichfalls in Spuren vorliegende und damit hochwirksame organische

Substanzen handelt, die das Wachstum der Pflanze und die Ausbildung wichtiger Qualitätsmerkmale entscheidend beeinflussen (Scholz).

Von der Arbeitsgruppe Gibberellinforschung wurde eine neue, sehr leistungsfähige dünnschichtchromatographische Trenn- und Identifizierungsmethode für Gibberelline ausgearbeitet. Hiermit sowie durch Anwendung der Molekül-Massenspektrographie ergab sich die Möglichkeit, im Mikromaßstab die in höheren Pflanzen vorkommenden Gibberelline zu identifizieren bzw. weitere, noch unbekannte Vertreter dieser Stoffklasse nachzuweisen. Umfangreiche Arbeiten dienen der präparativen Isolierung, anschließenden Strukturaufklärung und biologischen Testung dieser neuen Gibberelline (Sembdner, Schneider, Weiland).

4. Chemie und Biochemie der Nucleinsäuren

Die in Zusammenarbeit mit der Genetischen Abteilung des Instituts durchgeführten Untersuchungen betreffen vorerst folgende Einzelthemen:

Synthese von Polynucleotiden, die natürliche und substituierte Nucleinsäurebasen enthalten. Mit Hilfe dieser Präparate sollen Studien über die Sekundärstruktur von Nucleinsäuren durchgeführt werden. Weitere Arbeiten beinhalten die Synthese von in Stellung 5 mit Halogen bzw. Methyl substituierten Uridin-Coenzymen, deren Aktivität in biologischen Systemen geprüft werden soll. Analytische Untersuchungen über die Wirkung von Manganchlorid auf Mikroorganismen sollen einen Beitrag zur Klärung der sensibilisierenden Wirkung dieses Salzes bei der chemisch induzierten Mutationsauslösung liefern. In Angriff genommene Untersuchungen über die Wechselbeziehungen zwischen Steroiden und Nucleinsäuren können nicht nur im Hinblick auf die Klärung des Wirkungsmechanismus der Steroidhormone, sondern ebenso für die Deutung noch offener Fragen auf dem Gebiet der Biochemie und Physiologie der Nucleinsäuren von Bedeutung sein (Schmidt, Wallwitz, Gosda).

5. Untersuchungen mit radioaktiven und stabilen Isotopen über den Nährstoffhaushalt der Kulturpflanzen

Im Isotopenlaboratorium wurden nach Abschluß des Forschungsthemas „Mineralstoffaufnahme und Isotopenaustausch" die methodischen Voraussetzungen für Untersuchungen mit stabilisotopmarkierten Stickstoffverbindungen geschaffen. Die Ermittlung des Isotopenverhältnisses $^{14}N : ^{15}N$ erfolgt mit Hilfe eines Quarzspektrographen, die Auftrennung der Aminosäuren säulenchromatographisch an Ionenaustauschern. Ziel der neu begonnenen

Das Isotopenlaboratorium der Abteilung Chemische Physiologie
Aufn. N. Franke

Arbeiten ist die Untersuchung der Stickstoffaufnahme, der Stickstoffverlagerung und des Stickstoffeinbaues in Aminosäuren und Eiweiße von Mutanten. Weiterhin soll die Wirkung radioaktiver Strahlung (^{32}P und ^{45}Ca) und die Wuchsstoffwirkung (Gibberelline) auf diese Vorgänge geprüft werden. Die Markierung des anorganischen Stickstoffs erfolgt mit dem schweren Isotop ^{15}N (Machold, Rudolph).

6. Wirt-Parasit-Wechselbeziehungen beim Kartoffelnematoden

Anatomische Untersuchungen über die Reaktion von Organen mehrerer Solanaceen auf Befall durch den Kartoffelnematoden, *Heterodera rostochiensis*, wurden abgeschlossen. Weitere mehr biochemisch und naturstoffchemisch ausgerichtete Arbeiten befassen sich a) mit Bildung und Ausscheidung von Schlüpf- und Antischlüpfstoffen durch Organe verschiedener Pflanzen unter Einbeziehung isoliert kultivierter Wurzeln, b) mit Isolierung und nachfolgender Konstitutionsermittlung natürlich vorkommender Schlüpf- und Antischlüpfstoffe sowie c) mit Synthese und Testung entsprechender Modellsubstanzen. Untersuchungen über die Entwicklung von Nematodenlarven in isoliert kultivierten Pflanzenorganen und -geweben sind weiterhin vorgesehen (Sembdner).

7. Kryptogamenstudien

Die experimentelle Taxonomie von Kryptogamen steht hier im Mittelpunkt des Interesses der Arbeiten. Es werden Untersuchungen zur Morphologie, Anatomie, Entwicklungsgeschichte, Entwicklungsphysiologie, zum Variabilitätsbereich und zur Ökologie ausgewählter Arten sowohl an Freilandmaterial als auch an Kulturen durchgeführt. Es soll damit zur vertieften Kenntnis insbesondere von Süßwasser und Erde besiedelnden Algen sowie algenparasitärer und bodenbewohnender Phycomyceten beigetragen und das für ein modernes, möglichst umfassend alle Eigenheiten berücksichtigendes Ordnungssystem erforderliche Tatsachenmaterial geliefert werden. Die Klärung der Verbreitung dieser Organismen sowie der Zusammensetzung ihrer Lebensgemeinschaften auf und im Erdboden, in Gewässern, auch in temporären Kleingewässern, ist für eine Standortsbeurteilung praktisch von Bedeutung. Im Hinblick auf die sich immer stärker abzeichnende Möglichkeit der Nutzung von Algengroßkulturen als Rohstoff- und Futterquelle gehört die Erkundungsforschung an Kryptogamen auch in den Rahmen der Kulturpflanzenforschung (Rieth).

VII. ABTEILUNG SYSTEMATIK UND SORTIMENT

Leiter: Doz. Dr. habil. Siegfried Danert.

Wissenschaftliche Mitarbeiter: Dr. Erich Heinz Benedix, Dr. Peter Hanelt, Dipl.-Landw. Dorothea Happich, Dr. Johannes Helm, Dipl.-Biol. Joachim Kruse, Dr. Christian O. Lehmann, Dr. Jürgen Schultze-Motel. Freier wissenschaftlicher Mitarbeiter: Dr. h. c. Kurt Wein/Nordhausen.

Die Leitung der Abteilung lag bis 1960 in den Händen von Professor Dr. Rudolf Mansfeld †.

Für eine rationelle Ausnutzung unserer Kulturpflanzen und zum Studium von Evolutionsproblemen ist die erbreine Erhaltung möglichst umfangreicher Sortimente eine dringende Notwendigkeit. Sie sind eine breite Basis zur Auswahl des Ausgangsmaterials für die Pflanzenzüchtung. Zur Erfassung besonders geeigneter Sorten ist eine ständige Beobachtung und Kontrolle morphologischer und physiologischer Werteigenschaften erforderlich. Die übersichtliche Darstellung der Formenmannigfaltigkeit ist Aufgabe der Kulturpflanzensyste-

Das Gebäude der Abteilung Systematik und Sortiment
Aufn. G. Könnecke

matik. Sie erleichtert damit die Verständigung über Sippen mit wertvollen Qualitätsmerkmalen. Seitdem 1955 das Institut beauftragt wurde, ein Zentrales Herbarium der Akademie einzurichten, wurde die taxonomische Arbeit auf einige Wildpflanzengruppen ausgedehnt.

Der Aufgabenkreis der Abteilung umfaßt folgende Schwerpunkte:

1. Pflanzensystematik
2. Erhaltung und Erweiterung eines Kulturpflanzensortiments
3. Einrichtung und Erweiterung von Pflanzensammlungen.

1. Pflanzensystematik

Bei vielen Kulturpflanzenarten ist unter dem Einfluß des Menschen eine große Formenmannigfaltigkeit entstanden. Die Kulturpflanzensystematik ist bestrebt, durch die Bildung und Gliederung von innerartlichen Gruppen die Übersicht zu erleichtern.

Bisher ist bei einer Reihe von Kulturpflanzenarten versucht worden, diagnostische Systeme aufzustellen bzw. vorhandene zu vervollkommnen. Bei der Gruppenbildung werden die Erfahrungen der Wildpflanzensystematik ausgewertet. Die unterschiedenen Sippen werden beschrieben und nach den Grundsätzen des Nomenklaturcode benannt. Damit ist die Möglichkeit gegeben, sich über die betreffenden Kulturpflanzensippen international zu verständigen.

Es wurden bzw. werden bearbeitet: Weizen, Gerste (Mansfeld, Lehmann), Mohn, Lein, *Petroselinum*, *Datura*, Kartoffel, Tabak, Bauerntabak und Arzneipflanzen (S. Danert), *Beta*, *Brassica*, *Raphanus*, *Lactuca*, *Cichorium*, *Allium* (Helm), *Pisum*, Sojabohne, *Phaseolus*, Tomate (Lehmann), Gräser (Schultze-Motel), *Lupinus*, *Vicia*, *Ornithopus*, *Carthamus* (Hanelt), Hafer, Hirsen (Kruse). Die monographischen Darstellungen basieren vornehmlich auf morphologischen Merkmalen, doch werden möglichst auch evolutionsgenetische Ergebnisse berücksichtigt. Weiterhin werden Systeme angestrebt, die der besonderen Eigenart der Sortenmannigfaltigkeit entsprechen. Zugleich werden methodische Fragen behandelt.

Weitere Arbeiten betreffen die Systematik und die Verbreitung höherer Pilze und Lebermoose (Benedix). – Für eine Anzahl Kulturpflanzen konnte die Einführungs- und Einbürgerungsgeschichte aufgeklärt werden (Wein).

Die Auswertung von Forschungsergebnissen wird oft durch eine unsachgemäße Verwendung wissenschaftlicher Pflanzennamen erschwert. Ein „Vorläufiges Verzeichnis landwirtschaftlich oder gärtnerisch kultivierter Pflanzenarten" (außer Zierpflanzen) erschien 1959 („Die Kulturpflanze", Beih. 2) und ist 1962 nachgedruckt worden. Es enthält die regelgemäßen Namen der Kulturpflanzenarten und ihrer wichtigsten infraspezifischen Sippen mit den wichtigsten Synonymen sowie Verwendungs- und Verbreitungsangaben (R. Mansfeld). Die Erweiterung dieses Verzeichnisses zu einer Kulturpflanzenflora ist für die nächsten Jahre vorgesehen.

In die taxonomischen Untersuchungen werden jetzt auch wildwachsende Pflanzen einbezogen. Es werden vornehmlich solche Verwandtschaftskreise und Nutzungsgruppen bearbeitet, deren Werteigenschaften in den anderen Abteilungen des Instituts geprüft werden. In Zusammenarbeit mit der chemisch-physiologischen Abteilung werden unter Auswertung biochemischer Merkmale einige Taxa der Solanaceen revidiert (Danert). Für die forstlich kultivierten Gehölze befindet sich eine Liste der korrekten wissenschaftlichen Namen in Vorbereitung (Schultze-Motel). – Gemeinsam mit Mitarbeitern der Abteilung Genetik und Cytologie werden die methodischen Grundlagen für die systematische Gliederung von Mutantensortimenten untersucht (Lehmann, Kruse).

Ob und wie eine Mannigfaltigkeit adäquat systematisch dargestellt werden kann, hängt von der Kenntnis der Merkmale ihrer Elemente und deren Beziehungen untereinander ab. Die Tätigkeit der Abteilung in dieser Hinsicht erstreckt sich auf die Untersuchung morphologischer, anatomischer und entwicklungsgeschichtlicher Merkmale, ökologische Beobachtungen sowie Studien über die Verbreitung und die Geschichte der Kulturpflanzen. Die Kenntnisse chemischer, physiologischer, genetischer und cytologischer Merkmale ergibt sich aus Untersuchungen der anderen Abteilungen bzw. in Zusammenarbeit mit ihnen.

2. Erhaltung und Erweiterung eines Kulturpflanzensortiments

Für taxonomische Arbeiten sind umfangreiche Sammlungen lebender und konservierter Pflanzen unentbehrlich.

Für die Beobachtung am lebenden Objekt steht ein reichhaltiges Kulturpflanzensortiment zur Verfügung. Es enthält Hochzuchtsorten, Landsorten, Primitiv- und Stammformen der landwirtschaftlich, gärtnerisch oder technisch genutzten Pflanzenarten und deren Verwandte sowie eine Anzahl anbauwürdiger Wildpflanzenarten. Seit Gründung des Instituts wurde der Entwicklung dieser Sammlung besondere Aufmerksamkeit gewidmet. Das Sortiment umfaßte 1946 etwa 3500 Sippen. Diese Zahl ist bis zum 1. Juli 1963 auf über 27000 angewachsen. Der Anteil der einzelnen Nutzungsgruppen ist aus nebenstehender Tabelle ersichtlich. Eine Reihe arbeitsaufwendiger Maßnahmen sind erforderlich, um die erbreine Erhaltung dieses Materials zu gewährleisten.

Die Erweiterung des Kulturpflanzensortiments erfolgt durch Tausch mit ähnlichen Institutionen und Botanischen Gärten des In- und Auslandes. In

Kulturpflanzensortiment Gatersleben

Bestand an Arten und Sorten

Juli 1963

Getreide und Gräser

Weizen	7224	Hirsen und Aegilops	411
Gerste	3289	Mais	379
Hafer	1058	Gräser	663
Roggen	173		
		insgesamt:	13197

Hülsenfruchter

Bohnen	1586	Acker- und Puffbohnen	202
Erbsen	1009	Kichererbsen u. a.	57
Soja	643	Platterbsen	208
Linsen	157	Wicken	655
Kleeartige	513	Lupinen	235
		insgesamt:	5265

Gemüse

Kürbisse	256	Tomaten	1342
Gurken	156	Salat	195
Melonen	282	Paprika und Eierfrüchte	588
Sonstige Kürbisgewächse	77	Kohl und Sonstige	1512
		insgesamt:	4408

Technische Pflanzen

Mohn	242	Sonnenblumen	73
Lein	1763	Raps u. a. Ölpflanzen	233
Hanf	5	Farbpflanzen u. a.	462
		insgesamt:	2778

Gewürz- und Arzneipflanzen	1206		
Tabak	429		
		Gesamtbestand:	27283

zweijährigem Abstand wird ein Index Seminum herausgegeben, in dem alle eindeutig bestimmten Sippen angeboten werden. Durchschnittlich 11000 Samenproben werden in jedem Jahr abgegeben.

Im Sortiment werden viele Primitiv- und Landsorten aus einigen Mannigfaltigkeitszentren der Kulturpflanzen erhalten, die u. a. auf Expeditionen in Anatolien, im Hindukusch, in Nord- und Südost-Afghanistan, im Süd-Himalaya, in Nepal, Sikkim und Tibet, im Iran, in Äthiopien und Erythräa, im Balkan, in Italien, in Mittelamerika und in China gesammelt wurden. Eine detaillierte Übersicht über die Herkunft des in Gatersleben kultivierten Pflanzenmaterials hat der Sortimentsleiter Chr. O. Lehmann in der ,,Kulturpflanze" 11 (1963) 281–294 veröffentlicht. Die Erhaltung von Primitivformen ist u. a. für das Studium von Abstammungsfragen von großem Wert. Viele dieser Sippen sind heute nur noch in Sortimenten verfügbar, da sie in den Ursprungsländern mehr und mehr durch leistungsfähigere Sorten verdrängt wurden.

Dem Kulturpflanzensortiment kommt neben der wissenschaftlichen eine wichtige praktische Aufgabe zu. Es liefert das Ausgangsmaterial für die Arbeit des Pflanzenzüchters. In allen größeren Nutzungsgruppen steht bei der ständig durchzuführenden Kontrolle morphologischer und physiologischer Merkmale

Getreide-Block und Isolierparzellen des Kulturpflanzen-Sortiments (Abt. Systematik u. Sortiment)
Aufn. H. Kraßmann

die Erfassung wirtschaftlich wertvoller Eigenschaften im Vordergrund. Durch diese Vorselektion soll dem Züchter die Auswahl seines Ausgangsmaterials erleichtert werden. Diesem Zweck dienen auch Resistenzprüfungen bei Weizen und Gerste, die in Zusammenarbeit mit dem Institut für Phytopathologie der Martin-Luther-Universität Halle-Wittenberg durchgeführt werden.

Eine Erweiterung des Kulturpflanzensortiments ist nur durch Vergrößerung der Anbauintervalle möglich. Zur Erhaltung der Keimfähigkeit wird jede Sippe normalerweise in Abständen von 3–5 Jahren zur Aussaat gebracht. Bei größerem Saatgutbedarf und bei Sippen mit unbefriedigendem Samen- oder Fruchtansatz ist der Anbau öfter notwendig. In jedem Jahr werden etwa 12000 Taxa kultiviert.

3. Einrichtung und Erweiterung von Pflanzensammlungen

In der Wildpflanzensystematik sind Herbarien eine wichtige Informationsquelle für morphologische und anatomische Untersuchungen. Bei Kulturpflanzen hat man lange Zeit versäumt, ähnliche Sammlungen anzulegen. Viele früher weit verbreitete Sorten, die das Ausgangsmaterial für unsere Hochzuchtsorten lieferten, existieren heute nicht mehr und sind günstigenfalls aus Beschreibungen und Abbildungen bekannt. Die morphologischen Unterschiede sind bei vielen Hochzuchtsorten gering, so daß zur Unterscheidung ständig neue Merkmalsreihen in die Beschreibung aufgenommen werden müssen, die bisher nicht berücksichtigt wurden. An konserviertem Material, das praktisch unbegrenzt haltbar und das im Gegensatz zu Frischmaterial jederzeit für Untersuchungen verfügbar ist, lassen sich morphologische Merkmale leicht feststellen.

Von jeder im Sortiment lebend erhaltenen Sippe wird im ersten Anbaujahr Belegmaterial für die Archive entnommen. Die Sammlungen von konserviertem Material umfassen das Herbarium, die Samen- und Fruchtsammlung, die Fruchtstandsammlung und die Alkoholsammlung, in der Pflanzenteile mit fleischiger Konsistenz (Knollen, fleischige Früchte, Kohle etc.) aufbewahrt werden.

Die Sammlungsbelege sind nicht nur als Untersuchungsmaterial, sondern auch zur Kontrolle der Reinerhaltung der Sortimentsbestände von großem Wert. Nach mehrmaligem Anbau einer Sippe wird anhand der dazugehörigen Archivunterlagen die morphologische Identität überprüft. In Zweifelsfällen kann beim nächstjährigen Anbau auf Originalsaatgut oder auf älteres noch keimfähiges Saatgut zurückgegriffen werden.

Das Herbarium besteht aus etwa 90000 Exsikkaten. Es enthält neben Kulturpflanzen auch wildwachsende Pflanzen. Dieses Material wurde durch Tausch oder Ankauf erworben. Seit 1956 konnten einige Sammelreisen unternommen werden. So wurde das Herbarium u. a. durch etwa 6000 Pflanzen aus Süd-, Nord- und Nordost-China, der Inneren Mongolei und der Mongolischen Volksrepublik bereichert. Umfangreiche Bestimmungsarbeiten sind notwendig, um diese Sammlung für Vergleichszwecke benutzen zu können.

Zur Lösung nomenklatorischer Fragen ist sehr häufig die Einsichtnahme von Herbarexsikkaten notwendig, die früheren Autoren als Unterlage für Pflanzenbeschreibungen gedient haben, da nach den Nomenklaturregeln ein wissenschaftlicher Pflanzenname an eine authentische, konservierte Pflanze (Typus) gebunden ist. In der Abteilung werden Mikrofilme der Herbarien von Linné, Thunberg und De Candolle aufbewahrt, in denen sich eine große Anzahl Typen befinden. Die Beurteilung vieler Pflanzennamen wird dadurch wesentlich erleichtert.

Herbar-Saal (Abt. Systematik u. Sortiment)
Aufn. G. Könnecke

VIII. ABTEILUNG PHYSIKALISCHE PHYSIOLOGIE

Leiter: Dr. Herta Sagromsky.

Wissenschaftliche Mitarbeiter: Biol. Klaus Adler, Biol. Peter Apel, Dipl.-Phys. Armin Meister, Dipl.-Phys. Martin Peisker.

Freier wissenschaftlicher Mitarbeiter: Prof. Dr. Paul Metzner.

Die Arbeiten der physikalisch-physiologischen Abteilung konzentrieren sich auf Untersuchungen über Licht und strahlenbiologische Reaktionen an Pflanzen z. B. im Photosyntheseprozeß, bei Wachstumsvorgängen während der Entwicklung und beim Photoperiodismus. Es werden im wesentlichen die Wirkungen von sichtbarem Licht, von Röntgenstrahlen und Ultraschallwellen auf lebende Organismen, auf Kulturpflanzen und Mikroorganismen geprüft.

1. Die Rolle von sichtbarem Licht

a) im Photosyntheseprozeß

Im Vordergrund dieser Untersuchungen steht die Frage nach der Bildung und Bedeutung der Chloroplastenpigmente bei der Assimilation der Kohlensäure in den verschiedensten Objekten unter variierten Kulturbedingungen. Als besonders geeignet für derartige Beobachtungen erweisen sich die zahlreichen Chlorophyllmutanten, die am Institut aus der Arbeit der genetischen Abteilung vorliegen. Sie besitzen zumeist eine sehr veränderte Pigmentzusammensetzung mit unterschiedlicher Lichtempfindlichkeit und können oft durch Nährstoffe, Temperatur und Licht in ihrer Chlorophyllführung, ihrer Photosyntheseleistung, der Wachstumsrate sowie der Substanzproduktion stark abgewandelt werden. An ihnen wird daher der Einfluß von Kulturbedingungen (Nährstoffe, Licht, Temperatur) auf die Pigmentzusammensetzung und den Pigmentgehalt in den Chloroplasten studiert (Sagromsky), durch Absorptionsmessungen ihr Bindungszustand in der lebenden Zelle ermittelt (Meister), durch Gaswechselmessungen ihre photosynthetische Leistung bestimmt

(Apel). Ferner wird der Einfluß von Photosynthese und Pigmentgehalt auf Pflanzenwachstum und Ertrag geprüft. – Wegen der einfacheren Organisation, der schnelleren Entwicklung und der Ausstattung mit den verschiedensten Pigmentgarnituren werden auch Algen zur Bearbeitung dieser Fragen herangezogen. Vor allem das Vorkommen und die Rolle der Begleitpigmente (Carotinoide, Phycobilline, Chlorophyll b, c, d und e) werden geprüft (Adler, Sagromsky).

b) bei Wachstums- und Entwicklungsvorgängen

Die Wirkung von Licht, speziell die Wirkung verschiedener Spektralfarben auf die Entwicklung von Organismen, von einzelnen Organen und von Zell- und Gewebekomplexen wird untersucht; bei höheren Pflanzen besonders die Lenkung der Wurzelbildung, der Fruchtreife, der Samenentwicklung und der Samenkeimung einiger Arten durch Licht studiert (Sagromsky).

Spezielle Untersuchungen sind der photobiologischen Bedeutung des Hypericins gewidmet (Metzner).

Das Gebäude der Abteilung Physikalische Physiologie
Aufn. H. Stoll

a

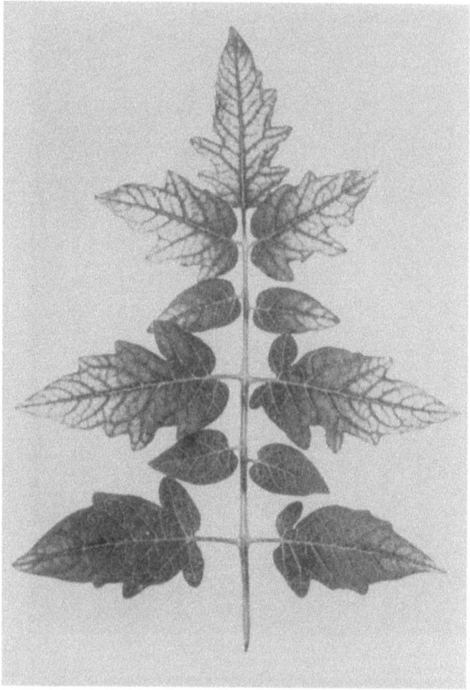

b

c

Verschiedene pigmentierte Blätter der Mutante *venosa* von *Lycopersicon esculentum* (Abt. Physikalische Physiologie).
a) Blatt einer bei Nährstoffreichtum kultivierten Pflanze;
b) Blatt einer Pflanze beim Übergang von Nährstoffreichtum zu Nährstoffarmut;
c) Blatt einer bei Nährstoffarmut kultivierten Pflanze

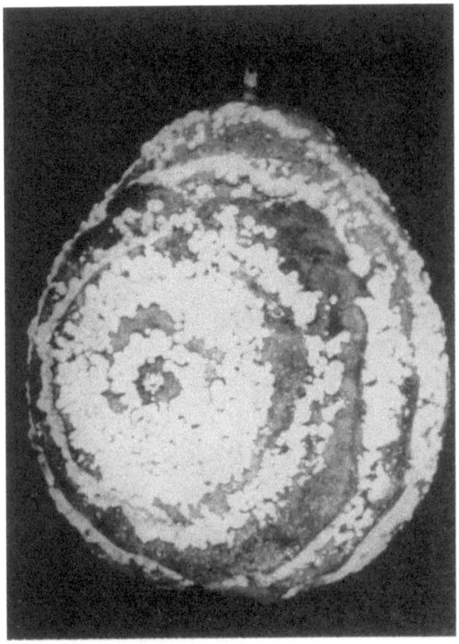

a

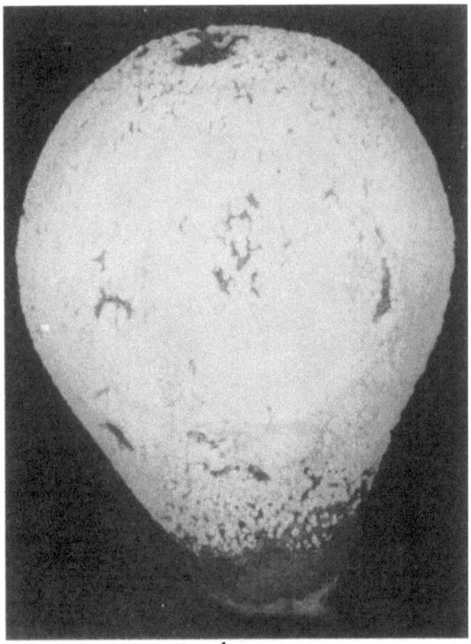

b

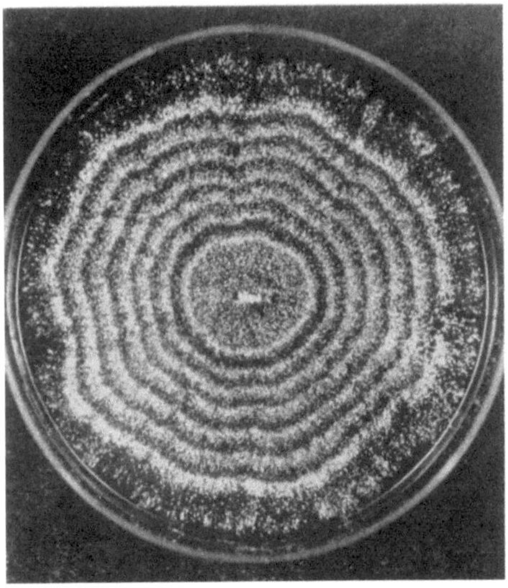

c

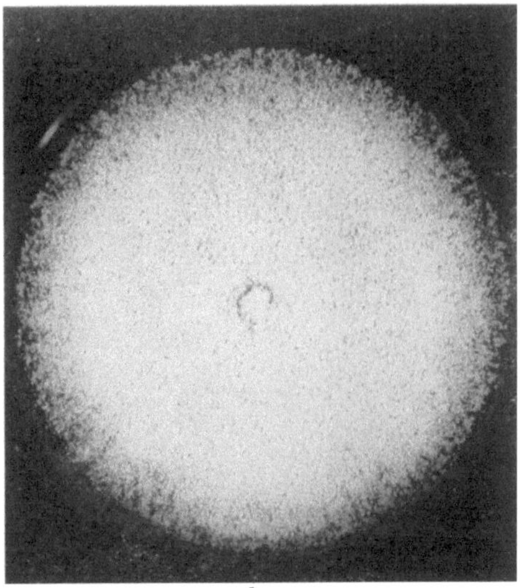

d

Einfluß von Licht auf die Konidienbildung von Schimmelpilzen (Abt. Physikalische Physiologie).

a–b Birnenbefall von *Sclerotinia fructicola*;

a) in 12:12 stündigem Licht-Dunkelwechsel (deutliche Ringbildung);

b) in Dauerlicht (keine Ringbildung);

c–d Schimmelpilz auf künstlichem Nährboden (Biomalz-Agar-Agar);

c) in 12:12 stündigem Licht-Dunkelwechsel (deutliche Ringbildung);

d) in Dauerlicht (keine Ringbildung)

c) bei photoperiodischen Vorgängen

Die wichtigsten Arbeiten zu diesem Fragenkomplex wurden bisher an Algen und Pilzen durchgeführt, wobei vor allem die Frage nach der photoperiodischen Beeinflussung der Anlage von Fortpflanzungsorganen bei gefärbten und nichtpigmentierten Organismen genauer verfolgt wurde (zum Beispiel Hexenringbildung bei Pilzen). Bei den meisten bisher untersuchten Formen war nur der kurzwellige Spektralbereich, in Abwechselung mit Dunkelheit geboten, wirksam und induzierte eine Rhythmik der Anlage von Konidien bei Schimmelpilzen oder bei der Bildung von Tetrasporen in Rotalgen. Es gelang jedoch auch, durch Zugabe geeigneter Farbstoffe wie Methylenblau, diese Organismen für längerwellige Spektralbereiche, zum Beispiel auch für Rot, zu photosensibilisieren, so daß auch im Rot eine Periodizität auftrat. Bei unbehandelten Objekten ist in der Natur gelegentlich eine photoperiodische Beeinflußbarkeit durch rotes Licht zu finden. Sie kann danach durch eine Photosensibilisierung durch zusätzliche in der Zelle vorhandene Pigmente, wie zum Beispiel das Chlorophyll, erklärt werden. – Ausführlich wurde ferner das Problem „endogene Rhythmik" verfolgt, nämlich das Nachwirken einer einmal durch Licht und Dunkelwechsel induzierte periodische Reaktion in anschließenden konstanten Bedingungen, in Dauerlicht und in Dauerdunkelheit (Sagromsky)

2. Die Wirkung von Röntgenstrahlen

In der Abteilung wird Saatgut sowie anderes Pflanzenmaterial verschiedener Abteilungen des Institutes aber auch fremder Institutionen zur Auslösung von Mutationen bestrahlt. Es wird die Dosisempfindlichkeit einzelner Objekte geprüft, vor allem der Einfluß von Inhaltsstoffen und des physiologischen Zustandes des Materials auf die Sensibilität gegenüber Röntgenstrahlen beobachtet (Peisker). Es gelang auch, Mutationen bei Algen und Pilzen hervorzurufen.

3. Ultraschallwirkung

Es laufen Arbeiten zur Aufklärung der biologischen Ultraschallwirkung und zur Erprobung der Anwendungsmöglichkeit von Ultraschall auf technisch genutzte, beziehungsweise technisch nutzbare Mikroorganismen (Metzner).

Das zweigeschössige Gebäude der Abteilung wurde nach den Entwürfen von Prof. Miller, Hochschule für Baukunst in Weimar, als erstes der wissenschaftlichen Laboratorien 1949/50 erbaut, im Jahre 1952 durch einen eingeschössigen Flügel erweitert, von dem 1962 fünf Räume für die Aufnahme eines Elektronenmikroskopes hergerichtet wurden.

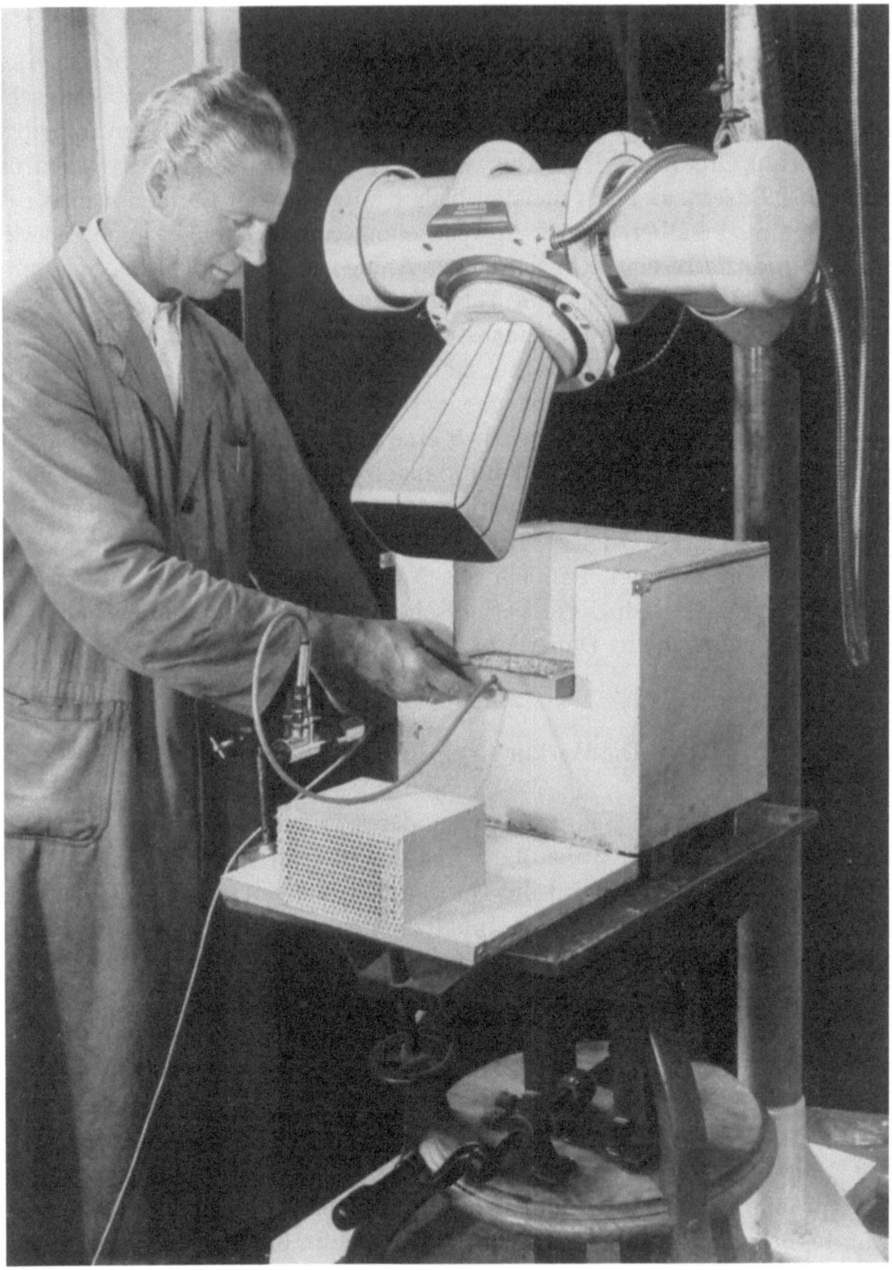

Röntgenbestrahlung von Saatgut zur Erzeugung von Mutationen (Abt. Physikalische Physiologie)

IX. ABTEILUNG FORSTPFLANZENFORSCHUNG

Forstlicher Leiter: Oberforstmeister Kurt Wuttky.

Wissenschaftliche Mitarbeiter: Dr. Karl Berger, Dr. Heinz Schlüter, Dr. Frithjof Weiser.

Die Aufgabenstellung der Abteilung umfaßt die Klärung genetischer und züchterischer Probleme bei den bisher wenig bearbeiteten Laubbaumarten, insbesondere der Gattungen *Fraxinus, Acer, Carpinus, Tilia, Ulmus, Sorbus, Prunus, Pyrus* und *Malus*. Ein Hauptanliegen ist dabei die Untersuchung der Frage nach der Existenz rassischer Differenzierungen bei einem Teil der genannten Baumarten, da hierüber im Gegensatz zu den meisten Nadelholzarten wenig bekannt ist. Die Zielsetzungen der einzelnen Arbeiten sind teils praktischer Natur, teils liegen sie entsprechend dem Charakter des Gesamtinstituts auf dem Gebiet der Grundlagenforschung.

Die Arbeitsmethodik wechselt naturgemäß mit dem Untersuchungsobjekt und der jeweils gegebenen Situation. Sie ist also keinesfalls auf streng züchterische Verfahren beschränkt, sondern umfaßt beispielsweise ebenso physiologische Untersuchungen wie ertragskundliche Erhebungen auf standörtlicher Grundlage. Damit wird der komplexen Aufgabenstellung des Instituts Rechnung getragen.

Grundlage aller Arbeiten ist die Auswahl, Registrierung und Sicherstellung geeigneter Einzelbäume und Populationen im Walde. Das Schwergewicht liegt dabei in den heimischen Laubmischwaldgebieten mit weitgehend autochthoner Bestockung. Für die Baumrassenforschung (deren Ziel ist die Auffindung leistungsstarker Populationen) ist es erforderlich, fremde Herkünfte unter unseren klimatischen Verhältnissen zu prüfen. Voraussetzung dafür sind Erkundungs- und Sammelreisen, wie sie in den vergangenen Jahren in die Volksrepubliken Polen und Rumänien durchgeführt worden sind.

Bisher standen Untersuchungen zur Frage der rassischen Differenzierung von *Fraxinus excelsior* trockener Kalkstandorte und grundwasserbeeinflußter Standorte im Vordergrund des Interesses. Mit der Bearbeitung dieses

Ernte von Pfropfreisern an Vogelkirsche (*Prunus avium*) für Verklonungen. Alter 90 Jahre, Höhe 28 m, Durchmesser in 1,3 m Höhe 49 cm (Abt. Forstpflanzenforschung)

forstwirtschaftlich wie forstwissenschaftlich gleichermaßen wichtigen Problems sollte zugleich ein Beitrag zu der Frage geleistet werden, inwieweit auch Kleinklima und Boden zur Rassenbildung bei den Waldbaumarten führen können. Als Ausgangspopulationen dienten autochthone Eschenherkünfte von Standorten, die sich hinsichtlich Kleinklima, Grundgestein, Bodenart und vor allem bezüglich des Wasserhaushaltes stark unterschieden. Generative Nachkommenschaften dieser Herkünfte werden seit mehreren Jahren im wechselseitigen Vergleichsanbau auf einem trockenen Kalkboden und einem grundwassernahen Standort sowie auf einem „neutralen" Boden in ihrem Verhalten geprüft. Ein Gefäßversuch mit differenzierten Wasser- und Kalkgaben diente der Aufklärung des Wirkens der beim vorliegenden Problem hauptsächlich interessierenden Faktoren Wasser und Kalk. Darüber hinaus wurden die vegetativen Nachkommenschaften der genannten Herkünfte im Versuchsgelände des Instituts vergleichsweise angebaut und vor allem phänologisch sowie blattmorphologisch und -anatomisch untersucht (Weiser).

Die Frage der Existenz regional bedingter Klimarassen wird am Beispiel einiger Mittelgebirgsherkünfte von *Sorbus aucuparia* ebenfalls seit mehreren Jahren geprüft (Wuttky).

Arbeiten an *Prunus avium* L. var. *avium* mit Nachkommenschaften aus Saatgut frei abgeblühter Bäume und aus gelenkten Kreuzungen dienen der

Gefäßversuch mit Nachkommenschaften von Eschen (*Fraxinus excelsior*) trockener Kalk-Standorte und grundwasserbeeinflußter Standorte (Abt. Forstpflanzenforschung)

Klärung grundlegender Fragen, wie Vererbung von Wuchsleistung und Verzweigungstypen. Als Ausgangsmaterial finden unter hiesigen Bedingungen erwachsene ältere Populationen holländischer und kaukasischer Herkunft sowie Klone aus heimischen Waldgebieten Verwendung (Wuttky, Berger).

Auf blütenbiologischem Gebiet werden Studien an *Ulmus carpinifolia* zur Feststellung des Ausmaßes der Selbststerilität und des Anteils parthenokarper Früchte durchgeführt.

Keimversuche mit Saatgut von *Rhamnus cathartica, Sambucus nigra* und *Sambucus racemosa* nach verschiedener Vorbehandlung und zu verschiedenen Aussaatterminen sollen der Aufklärung innerer Periodizitätserscheinungen dienen (Berger).

Neben der Fortführung der genannten Arbeiten wird in Zukunft das Hauptaugenmerk der Auswahl und Sicherstellung züchterisch geeigneter Bäume der zu bearbeitenden Gattungen gelten. *Acer pseudoplatanus* wird wegen seiner wirtschaftlichen Bedeutung dabei besondere Berücksichtigung finden. Die Ermittlung von Auslesebäumen beinhaltet nicht nur die bloße Registrierung von nach Massenleistung und Qualität überlegenen Phänotypen, sondern wird mit eingehenden Erhebungen zum Wachstumsgang auf verschiedenen Standorten und zur Ausbildung holztechnologisch wertvoller Typen verbunden sein. Das ausgewählte Material wird die Grundlage für weitere Züchtungsarbeiten liefern (Weiser).

Die züchterischen Vorhaben werden von vegetationskundlicher Seite durch Analysen von Laubwaldgesellschaften Thüringens hinsichtlich deren Gliederung, Verbreitung und geographischer Differenzierung sowie der standörtlichen Voraussetzungen unterstützt. Hierbei steht die Erfassung und Abgrenzung engerer Standortseinheiten als Grundlage der Ertragsleistung und rassischen Differenzierung im Vordergrund (Schlüter).

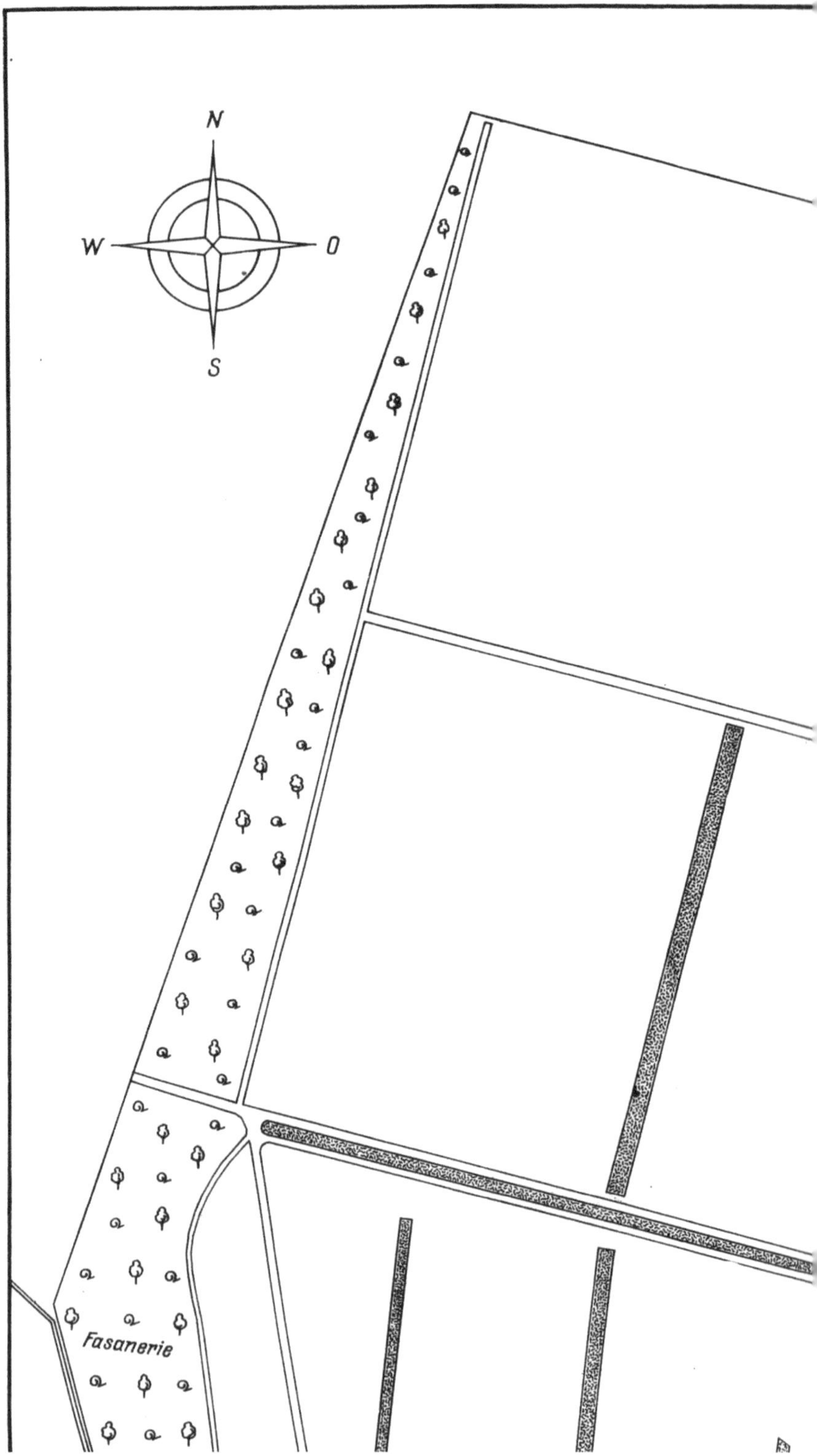
N
W
O
S
Fasanerie

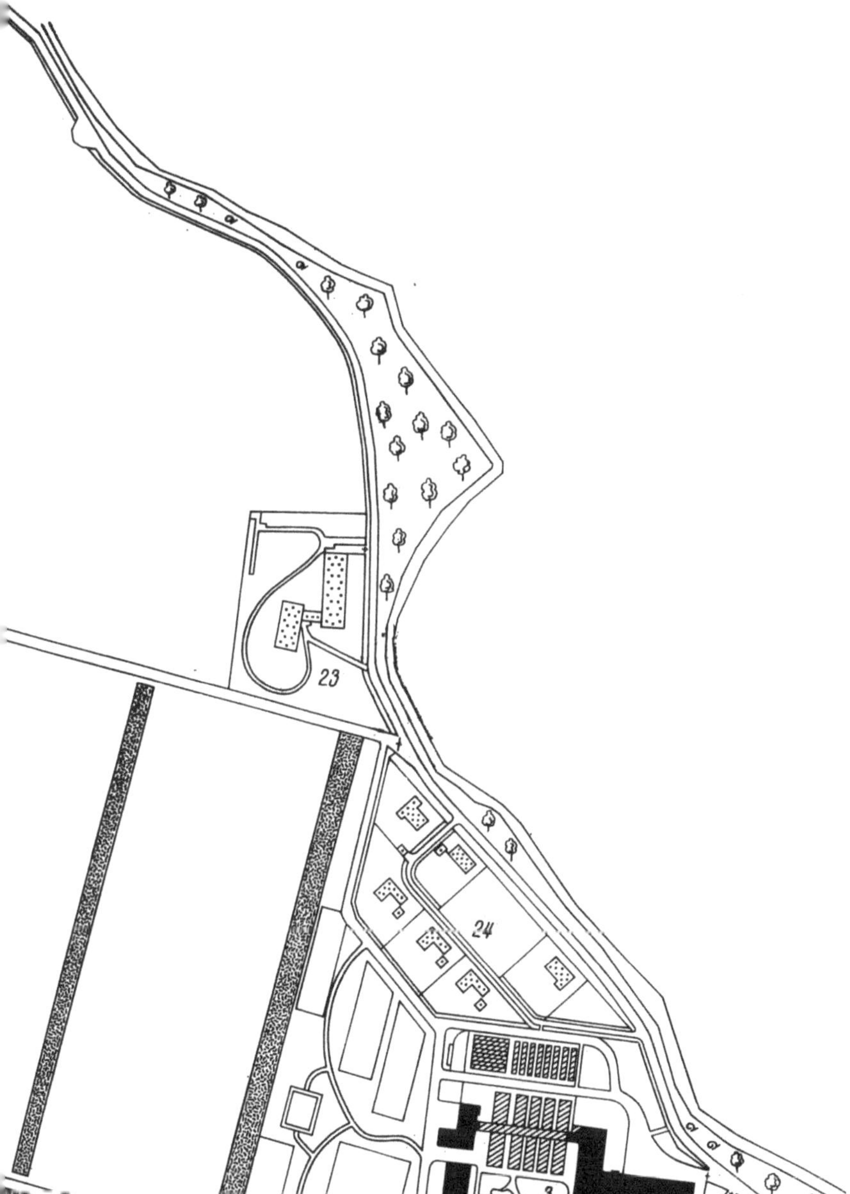
23
24
3
9
8

Deutsche Akademie der Wissensch

Jıstitut für Kulturpflanzenforsch

1 Pförtner Süd
2 Pförtner Nord
3 Abt. Genetik und Cytologie
4 Abt. Systematik und Sortiment
5 Abt. Chemische Physiologie
5a Isotopenlaboratorium
6 Abt. Physikalische Physiologie
7 Abt. Forstpflanzenforschung
8 Bibliothek
9 Hörsaal
10 Abt. Versuchsfeld und Zuchtgärten
11 Verwaltung
12 Werkstätten und Garagen
13 Bauhof

14–20 Abt. L
14 Oberho
15 Unterh
16 Masch
17 Schäfe
18 Schwe
19 Rinder
20 Scheur
21 Imker
22 Schau
23 Institu
24 Wohns
25 Sportp
26 Klimas

Institutsgebäude
Gewächshäuser und Frühbeetkästen
Wohngebäude
Hecken

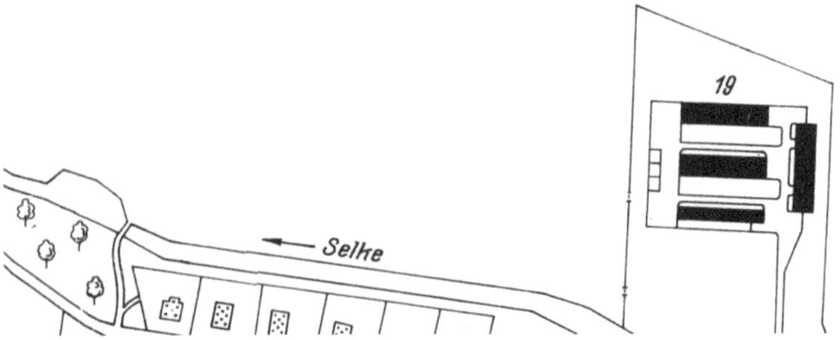

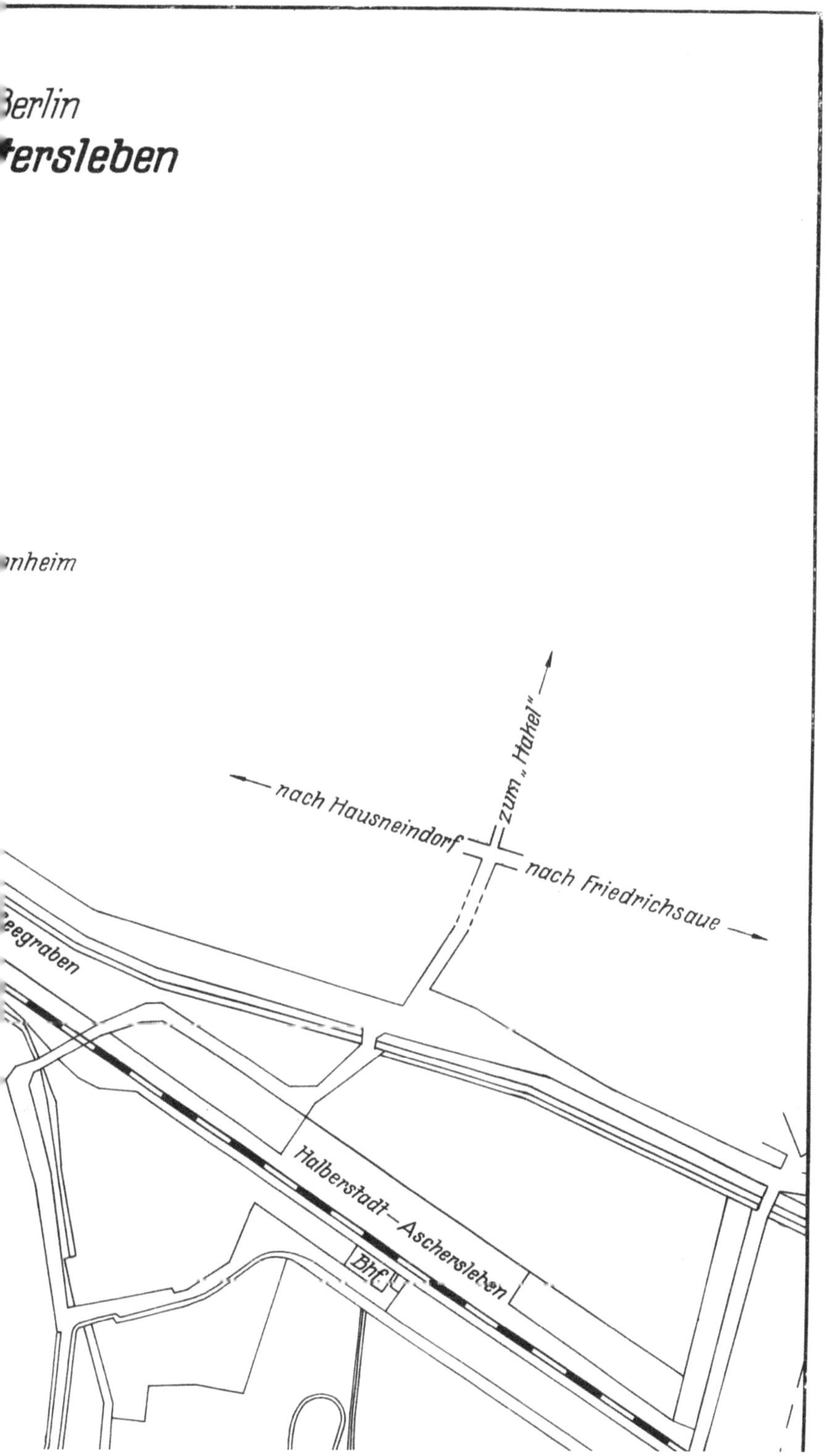

Berlin
ersleben
nheim
zum „Hakel"
nach Hausneindorf
nach Friedrichsaue
eegraben
Halberstadt–Aschersleben
Bhf.

Sülzen - Graben
Ditfurter Weg

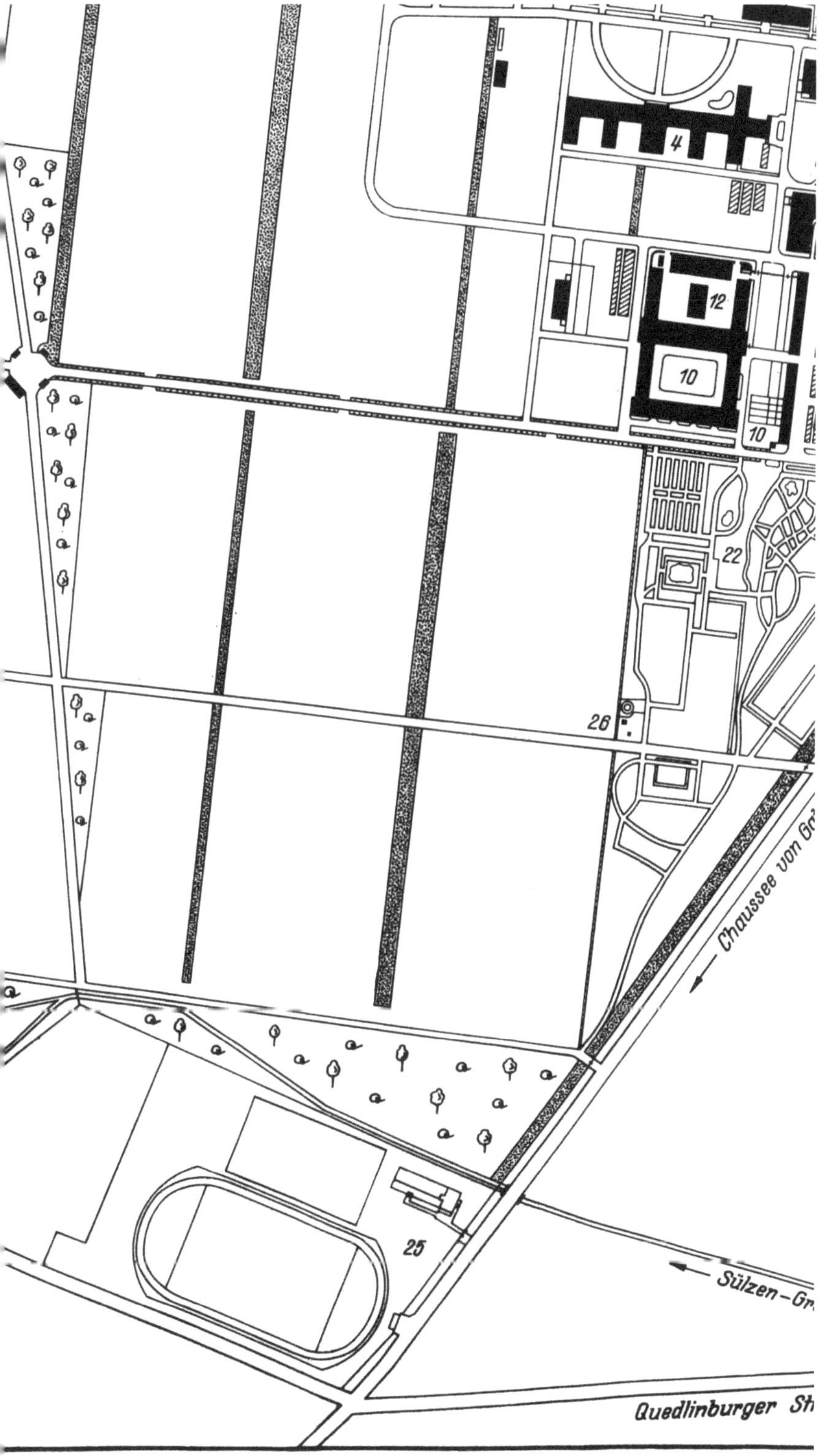
4
12
10
10
22
26
25
Chaussee von Gö
Sülzen-Gr
Quedlinburger St

2
24
13
18
20
5
6
5a
1
10
...ersleben nach Quedlinburg
...aben
...raße
Lange Straße

15
14
7
Unterdamm
DORF
GATERSLEBEN
Oberdamm
Mühlgraben
nach Nachterstedt

Bei Fragen zur Produktsicherheit wenden Sie sich bitte an:
If you have any questions regarding product safety,
please contact:

Walter de Gruyter GmbH
Genthiner Straße 13
10785 Berlin
productsafety@degruyterbrill.com